JN312276

有機合成化学入門

——基礎を理解して実践に備える

西村　淳・樋口弘行・大和武彦　共著

丸善株式会社

序

　米国著名化学者の著した教科書(訳本)を2,3年ごとに選び直して，有機化学の基礎を教えてきた．ほとんどの教科書はよくつくられていて，受講した学生は教壇からの一方的な講義であっても教科書を読むことによって，十分に補うことができたのではないかと思っている．しかし，ある時期から講義のスタイルを変えた．板書から液晶プロジェクター(LCD)を利用できるようになった時期と記憶している．要点をパワーポイントで解説した後，本文あるいは章末の問題を講義中の演習問題として課し，この解答を出席点として回収していた．勉学は結局のところ，各自でよく調べることが原点で，纏められた要点をノートに取るだけでは印象に残らず，理解が深まらないと気づいたからである．

　有機化学は語学と類似したところがある．文法(反応機構)も重要であるが，語学でいちばん大事なのは語彙(反応)である．すなわち，いかに多くの反応とそれに付随する知識(選択性，反応条件など)を身につけることができるかが重要である．それゆえ上記の演習としては，標的化合物・目的化合物を与え，合成ルートを問う問題が多かった．このような経験が，有機化学の基礎の補完として，本入門書を書く動機となった．

　現在の有機化学は，相当複雑な化合物であっても合成できる実力をもっている．もちろん，「実用的な合成ばかりではない」との条件がつく．よく，登山にたとえられるが，一部のプロ的な登山家にのみ許されるエベレスト登頂が，現在の有機合成のレベルであると一般的には認識されている．しかし興味深い物質・有用な有機化合物を供給しなければ，その化合物を使った進展は望めない．21世紀は，専門でない人にも簡単に多量に必要な有機化合物が合成できることが望ましい．医薬から有機機能物質まで，その必要性はますます拡大している．今後，有機化学者・有機合成化学者の需要がますます高まるであろう．大学においても有機化学の教育をより有機合成(特に有機機能物質の合成)に重点をおいたものにして，旺盛な意欲をもった卒業生を送り出すことが必要と思われる．

有機合成は極小の精密機械による分子の製作とは，明らかに異なる．たとえ電子顕微鏡の進歩で分子中の原子を今以上に操作できたとしても，これは合成とは言い難く，大量に目的化合物を入手することにはつながらない．すなわち，実際には目にすることができない微細な空間で，モルオーダーの数の部品としての分子が，有機化学の論理に従って，整然と選択的に結合形成と開裂を繰り返して，標的化合物になる．たとえていえば，「この化学変化が，手に取るように」みえなければならない．したがってフラスコの中の変化を察知する目（観察眼）が必要である．単純な有機反応でも最初は実験操作法どおりに物事を進めても，往々にして期待した結果や収率につながらない．これは，フラスコ内の変化を見過ごしていることに原因がある．その場合，あくまでも楽観的になり，有機化学の論理を信じて，さらに過去の関連する反応に関する実績を精査して，原因解明の推理を楽しみ，合成が成功するまでスピーディーに，同時進行で反応を処理（日に5〜10回の反応を行うことが多いが，決して自信のない反応を並列で行ってはならない）する必要がある．

　本書では，まず逆合成の視点から有機化学を復習したうえで，2, 3の天然物の全合成を概観し，続いて最近注目されている有機機能物質について，そして最後に構造的に興味深い有機化合物の合成について解説する．実験上の詳細にはほとんど触れていないが，どのような苦労があるかなどは，その折々に入門者を励ます意味で述べている．本書は有機合成を逆向きに（逆合成から，あるいはデザインから）みた入門書で，有機化学入門書を補完する教科書である．項目ごとに練習問題を配して，解けることによる達成感を学生諸君に味わってもらいたいと望んでいる．

　合成は常に化学を推進する中心的な分野である．過去から将来にわたって新理論，新戦略，そして新方法論が次々と報告されつづけている知の鉱脈といってよい分野である．本書によってこの分野の入り口に立ち，さらに先端的な講義で知識を増し補強してほしい．21世紀の有機合成の課題（社会的ニーズに対応し，大量に，簡便に，純度良く，誰でも入手）に，勇敢にかつ細心の注意を払って，挑戦できる化学者が多数現れることが望まれている．

　本書を著すに当たって，液晶については東京大学大学院教授加藤隆史先生および助教安田琢磨先生（現九州大学准教授）に，有機金属触媒によるカップリング反

応については群馬大学名誉教授小杉正紀先生に，有機EL素子に関しては九州大学名誉教授又賀駿太郎先生ならびにキヤノン(株)コアテクノロジー開発本部複合デバイス開発センター元上席研究員上野和則博士に詳しくご教授いただいた．全般に渡っては，大阪大学名誉教授野島正朋先生に貴重な助言とコメントをいただいた．さらにできあがった原稿をもとにして，富山大学理学部の有機系研究室を目指す3年生に講義をした．誤解を生む記述などについて多くの指摘が得られたと同時に，章中問題として調査を課し，それに解答がないことに抵抗があったので，問題と課題を分離した．あえて課題を省かなかったのは，合成には情報収集とその分析が必要で，その訓練(忍耐力，判断力，情報収集の技術向上)のためにも章末に集めた解答を与えない課題は重要と考えたからである．それ以外の点についての学生諸君の印象は，概ね好評であったことから，最終的に出版する決心をした．学生諸君を含めご協力いただいた上記の方々に心より御礼申し上げる．

　出版にあたっては，丸善株式会社出版事業部の小野栄美子氏と長見裕子氏に大変お世話になった．厚く御礼申し上げる．

　　平成22年8月　著者を代表して

　　　　　　　　　　　　　　　　　　　　　西　村　　　淳

執 筆 者 一 覧

西 村 　 　 淳 　 群馬大学名誉教授
樋 口 弘 行 　 富山大学大学院理工学研究部
大 和 武 彦 　 佐賀大学大学院工学系研究科

（五十音順，2010 年 8 月現在）

目　　次

1　はじめに …………………………………………………………………… 1
　　● 課　題 ●　　6

2　有機化合物の構造 ………………………………………………………… 7
　2.1　立 体 化 学 …………………………………………………………… 7
　2.2　分子の対称性 ………………………………………………………… 10
　　● 課　題 ●　　16

3　有 機 合 成 ……………………………………………………………… 17
　3.1　反応（戦術・横糸）の要点 ………………………………………… 19
　　3.1.1　反応種：カルボカチオン，カルボアニオン，ラジカル　　19
　　3.1.2　有機化合物の酸性度定数　　20
　　3.1.3　巻き矢印による反応機構の表現：有機電子論　　21
　3.2　合成計画（戦略・縦糸）の要点 …………………………………… 22
　　3.2.1　パターンの認識　　23
　　3.2.2　分子ひずみ　　25
　　3.2.3　保護と脱保護，活性化基　　27
　　3.2.4　極 性 変 換　　29
　　3.2.5　直線的合成と収束的合成　　30
　3.3　合成スキームの最適化 ……………………………………………… 31
　　● 課　題 ●　　32

4 骨格合成 33

- 4.1 アルドール縮合と Claisen 縮合のパターン 33
- 4.2 Michael 反応のパターン 34
- 4.3 Grignard 反応のパターン 35
- 4.4 炭素–炭素二重結合 36
- 4.5 遷移金属接触カップリング反応 37
  - 4.5.1 Suzuki-Miyaura 反応　38
  - 4.5.2 そのほかの反応　39
- 4.6 特徴的な構造をつくる炭素–炭素結合形成反応 40
  - 4.6.1 3員環：カルベンとカルベノイドの反応　40
  - 4.6.2 4員環と6員環：周辺電子環状反応　41
  - 4.6.3 芳香環の形成　43
- 4.7 転位反応 43
- ● 課題 ●　44

5 官能基変換・形成 45

- 5.1 置換反応 46
  - 5.1.1 求核置換反応：プロトン性溶媒中と非プロトン性極性溶媒中　46
  - 5.1.2 カルボニル基の変換　47
  - 5.1.3 カルボン酸およびその誘導体　47
  - 5.1.4 芳香族求電子置換反応　50
- 5.2 酸化反応 51
- 5.3 還元反応 52
  - 5.3.1 遷移金属接触水素添加反応　52
  - 5.3.2 各種ヒドリド還元剤　53
- 5.4 炭素–炭素二重結合の変換 54
  - 5.4.1 炭素–炭素二重結合の水和　54
  - 5.4.2 炭素–炭素二重結合への HX の付加反応　55
  - 5.4.3 オゾン分解と酸化的開裂反応　55
- ● 課題 ●　56

6 天 然 物 ... 57
6.1 エピアンドロステロン ... 57
6.2 (−)-アクツミン ... 59
6.3 ミクロコッシン P1 ... 63
6.4 ビタミン B_{12} ... 67
● 課 題 ● *69*

7 有機機能物質 ... 71
7.1 特徴的な芳香族化合物 ... 71
7.1.1 ビフェニル基をもつ液晶化合物 *71*
7.1.2 コランヌレン *73*
7.2 オリゴチオフェン ... 75
7.2.1 オリゴチオフェンの合成 *75*
7.2.2 オリゴチオフェンを骨格とする液晶材料 *77*
7.2.3 光磁性スイッチング機能物質 *80*
7.3 ポルフィリン ... 82
7.3.1 フラーレン用ホスト *83*
7.3.2 ポルフィリン連鎖体 *84*
7.4 フタロシアニン ... 85
● 課 題 ● *87*

8 興味深い構造の有機化合物 ... 89
8.1 シクロファン ... 89
8.2 フラーレン(C_{60})誘導体 ... 95
8.2.1 カテナンとロタキサン *97*
8.2.2 穴あきフラーレン *98*
● 課 題 ● *101*

9 まとめ ... 103
● 課 題 ● *105*

参　考　書……………………………………………… *107*
文　　　献……………………………………………… *107*
問 題 解 答……………………………………………… *113*
略語・略号表…………………………………………… *119*
索　　　引……………………………………………… *127*

CHAPTER 1

はじめに

> 化学は全研究者が一点を目指して突き進んでいる学問分野ではない．四方八方に（高次元で）分野を広げて推進されている学問分野である．

　有機化合物を合成することがなぜ必要なのか．有機化学を基礎から習ってきた学生諸君には不必要な質問と思うが，まずはそれに答える．

　有機化学の歴史的背景から説き起こすことが必要である．化学者が有機合成に目覚めたのは，無機化学がその基礎を築きつつあった19世紀初頭で，有機化合物は組成からは判断できない複雑な構造とその分解・変質が容易な点から「有機化合物の合成には生命力が必要」と解釈されていた．そのような時期に，Wähler（有機化学の母）のセレンディピタス（serendipitous）な実験結果から尿素が初めての有機化合物として合成（1828年）されたが，「原料に幾ばくかの生命力が残っていた」と解釈されたほどである．

　しかし，Liebig（有機化学の父）を中心とする化学者の努力で19世紀後半には有機化合物の扱い方，その構造の把握の仕方（組成式ではなく構造式で理解）が明らかになって，相当に複雑な有機化合物の構造とその合成法が明確にされた．1892年出版のBeilsteinのハンドブックに約6万種の有機化合物が載録された．さらにクロマトグラフ法による分離・精製，分析機器，とくに核磁気共鳴スペクトル法の開発・進歩の結果，1970年代初頭には多数の不斉炭素をもつビタミンB_{12}（6.4節参照）の合成が

Woodward らによって達成され，全世界の有機化学者をして「自然がつくり出す有機化合物は，いかに複雑であろうと人智をもって合成可能である」と言わしめたほどである．正に 20 世紀の科学の最高峰に到達した出来事と扱われた．

この歴史的快挙から明らかなように，有機合成化学は

(1) 自然のつくる有機化合物の合成(天然物の全合成)を通じて，新たな有機反応を開発(応用範囲を確認)する．また有機理論を確立(補強)する

ことを一つの使命としている．このように 2 世紀にわたり努力がされた結果，確固たる理論的基礎が築かれた．

このことに関連して，次のような話がある．最近のノーベル化学賞は純粋に化学を志向する科学者ではなく，その理論を利用する生物科学者や物性物理学者に与えられる傾向が強いのは，合成を通して有機化学の確立した理論的背景がないと生物科学も有機系物質などの物性物理学もその解釈が科学的とならない(あくまでも仮説の段階である)ことを意味し，化学(chemistry)がいよいよ科学(science)の中心的な学問としての地位を確固たるものとしたことを意味している．反面，関連する化学が，科学として十分に成熟しつつあることを明確に示している．ノーベル財団に近い有機化学者が，「ノーベル化学賞を獲得するならば，伝統的な化学以外の分野で研究を……」とコメントするほどである．

もちろん，

(2) 天然物の全合成

は，現在も有機合成化学の重要な一分野であり，とくに薬理活性の顕著な天然物を医療現場に供給するためには，植物の果実などの天然物からの抽出では量的にも純度においても満足できない場合が多く，有機合成の出番が多くなっている．さらには，特許の切れた汎用医薬をより安価に製造する手段を見つけるためにも，高度な有機合成化学の知識が必要となっている．最近の話題では，「鳥インフルエンザなどの新型インフルエンザがパンデミックな状況になったときのために，より入手可能な原料からのタミフル(tamiflu)合成法」が開発されている．このように社会的に重要な学問になっていることは明らかである(文献：Yamatsugu et al., Nie et al.)．

また，古典的には最重要な意味をもっていた「天然物の構造を全合成で同定(確定)する」という使命は，現在も脈々と息づいている．機器分析が発達し，構造解析上必

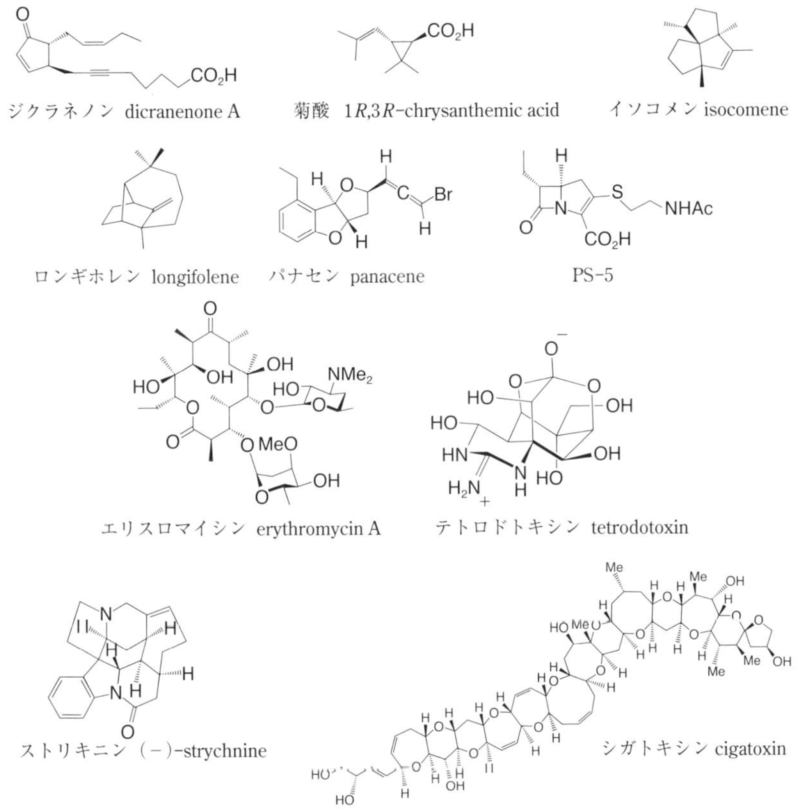

ジクラネノン dicranenone A　　菊酸　1R,3R-chrysanthemic acid　　イソコメン isocomene

ロンギホレン longifolene　　パナセン panacene　　PS-5

エリスロマイシン erythromycin A　　テトロドトキシン tetrodotoxin

ストリキニン (−)-strychnine　　シガトキシン cigatoxin

図 1.1　全合成された天然物の例（参考書：Corey and Cheng，有機合成化学協会　編）

要なデータが数多く得られる現在にあっても，とくに適切な結晶が得られない場合などにおいて，全合成を同定の最後の決め手（必要十分条件）とする場合が少なくない．

全合成された天然物の中から構造的に興味深い例を図 1.1 に示している．

上記のようにして培われた有機合成化学の知識を駆使して，有機物理化学者は，

(3)　非天然物化合物ともいえる構造的に合成困難な（立体的に大きなひずみをもち，分子内で電子的に反発する）化合物の合成

を目指してきた．言い換えれば，自然がつくらなかった魅力的な物質を合成したいという知的（単純化は美的，哲学的にも通じる）欲求からの作業である．この分野の合成に極めて有力な芳香族化合物（誘導体）の合成法が，1970 年後半から数多く開発され

た．さらに，既存の合成法を駆使して，立体的に，そして電子的にひずみエネルギーをいかに回避して目的化合物が合成できるかについて，鋭意検討され，多くの合成手法の有効性が明らかにされた．

この(3)の必要性・使命に関連して，最近は無機物を使って製品化されている機能をより加工性のよい，省エネルギー的で高い環境適合性をもつ有機物で代替えできないかを追求して，産業界を中心に精力的に開発が行われている．したがって

(4) 機能発現，とくに電子的機能発現のための有機合成

が，必要とされている．液晶がよい例である(図1.2参照)．1980年代には玩具に等しいような器具に使われていたモノクロ(白黒)の液晶が，活発な開発でフルカラーの液晶テレビ(flat panel display：FPDの一種)にまで進化した．そして弱点が克服されスポーツ観戦のような動きの激しい展開にも対応できるようになった．もちろん研究の発端の物理的現象の発見は米国にあるにせよ，細部にわたる開発の中心がわが国にあったことは，有機合成化学の裾野の広さとその周辺領域ではたらく個々の研究者の能力の高さを示すもので，日本人(楽観的に対処し，気の遠くなるような詳細な反応条件の検索・検討に努力を厭わない性格)に合った学問ではないかと考えられている．

さらに有機EL(OLED)を使用したディスプレー(FPDの一種)は，数ミリメートルまで薄型にできるとされているが，まだ市販されたばかりで，液晶の1980年代を彷彿とさせるものがある．しかし，筆者らのみる限り，順調に開発が進んでいるように思われる．このように液晶の配向制御，有機物の電気伝導性，エレクトロルミネセンス機能の利用が進む中，高性能で長寿命(一般的にいって，この点が有機物の弱点)の新たな機能性有機化合物の開発が望まれている．この望ましい物性を有する有機化合物の多くに芳香族化合物が含まれている．繰返しになるが，これらの合成には1970年代からわが国の有機化学者を中心として発見された多くのカップリング反応(スキーム4.6参照)が有効に使われ，この合成化学の分野の進展に強力に寄与している．

必要性(4)に関連して，伝導性にかかわる機能ばかりでなく，たとえば高ひずみを利用した爆薬，磁性を示す有機化合物，量子的演算機能を有するものをはじめとして，環境科学的機能，たとえば有害ないしは有益金属イオンの抽出機能をもつものなど，また天然物を擬態する超分子化学の分野の発展も目覚ましいものがある．有限でかつ地球上に偏在している無機資源に頼ることが困難になりつつある現代社会を，将来的にいかに安定して支えることができるかについて考えを巡らせば，有機合成の果たす

役割の大きさが容易に理解できると思われる(文献:山本と門田).

　工業的製造の段階では，環境に十分配慮した合成ルートであることが要求される．この制約も有機合成あるいは有機化学の発展のためには，長期的に考えて重要と思われる．

　最後に，反応は未知のものを加えて，ほぼ無限にあると理解されている．ただ，現時点でもっとも優秀な反応や反応操作となると，その限定された状況の中で必ず存在し，世界中の化学者が先人の開拓した操作方法を使用している．したがって，分野が決まれば，関係する文献を熟読する必要がある．そのうえで研究に着手すれば，少なくとも労働力に関していえばもっとも軽減される．高校の講義実験で扱われるエステル化にしても，Chemical Abstracts(CAS online)によれば，2010年初頭で47 000件近くの文献がヒットする．これらをより細かく検索して，特定の研究に有用な情報を収集すること(検索技術)が重要となっている．

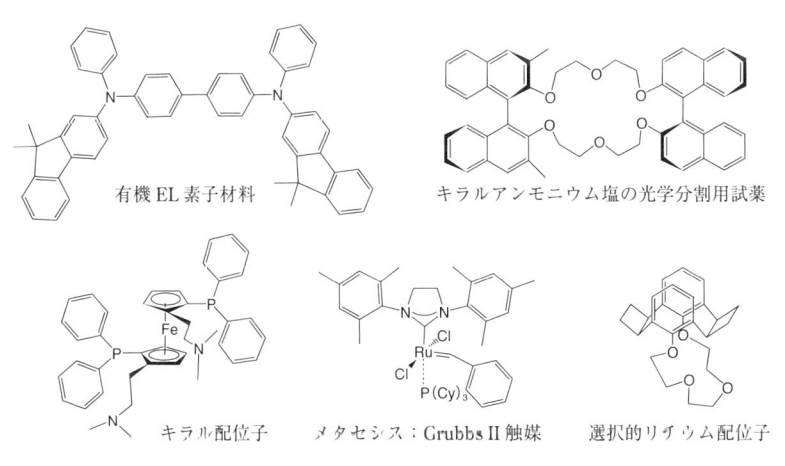

図 1.2　機能をもつ有機物質の例

　化学は全研究者が一点を目指して突き進んでいる学問分野ではない．四方八方に(高次元で)分野を広げて推進されている学問分野である．たとえば，ある化学者はAの分野に関してはすみずみまで熟知しているが，Zの部分については詳細な点で知識に欠ける．この化学者が，Zの分野で研究を進めるためには情報を集めるか，この分野に長けた研究者と共同研究をする必要がある．

● 課 題 ●

1-01 現在有機化合物が担っている，あるいは将来担うことを期待されている下記の機能について，その原理や開発の現状について調査せよ．
   a) 発光体
   b) 有機磁性体
   c) 電気伝導性物質
   d) 量子的演算機能(有機コンピューター)
   e) 太陽電池
   f) 光エネルギーの貯蔵(ノルボルナジエン誘導体)
   g) FPDに使われる原理とその機能を担う有機化合物
   h) エレクトロルミネセンス(有機EL)
   i) 医薬品の遅延放出
   j) 爆薬(クバン誘導体)
   k) 溶媒抽出(リチウムイオンの海水からの採取)

1-02 有機合成のルートを評価する項目として，原料価格，人件費，操作の簡便さ，省エネルギー，反応段数，反応時間，環境適合性などがあげられる．もちろん，合成の目的や背景によって，個々の項目の軽重が変化する．合成の目的や場所，実施者の能力などを想定して，それらがどのような重みで評価されるか議論せよ．

1-03 有機合成を言葉(言語)にたとえて，化合物は単語，反応は文法，一連の反応は節，そして合成は作文とされる．では言葉(言語)におけるよい文章をつくる能力開発と同じで，よい合成を設計・実行できる能力開発のためにも，何が必要とこのたとえは結論づけているか，英語など第二外国語の経験から推測せよ．

CHAPTER 2

有機化合物の構造

> ベンゼンもフラーレンも炭素や有機物を燃焼させるだけで生成することを考えると，炭素に関して自然は意外と均整の取れた美しいものを好んでいるようにみえる．

　前章で有機合成がなぜ必要かについて理解を深めることができた．さて，有機合成する対象を標的化合物という．ものごとにかかる前に，この対象・相手のことを十分に知っておく必要がある．古来より，「敵を知り，己を知らば，百戦危うからず」という．自己認識・自己批判はさておき，有機合成の標的(敵ではない)，有機化合物とは，どのようなものなのか．物性，熱安定性なども重要であるが，合成で悩ましいのは，その異性体の数の多さで，逆にいえばこれが有機化学を幅広いものにしている．

　有機化学を2分野に分類するならば，構造有機化学と反応有機化学となる．後者には反応理論や反応開発，反応速度論などが含まれ，前者は構造と物性を研究する物性論と立体化学がその中心である．したがって有機合成に関係する構造有機化学は立体化学である．

2.1 立体化学

　有機化学入門書で習った立体化学を復習する．同一分子式をもつ有機化合物は，図2.1のようにその構造によって分類される．

2 有機化合物の構造

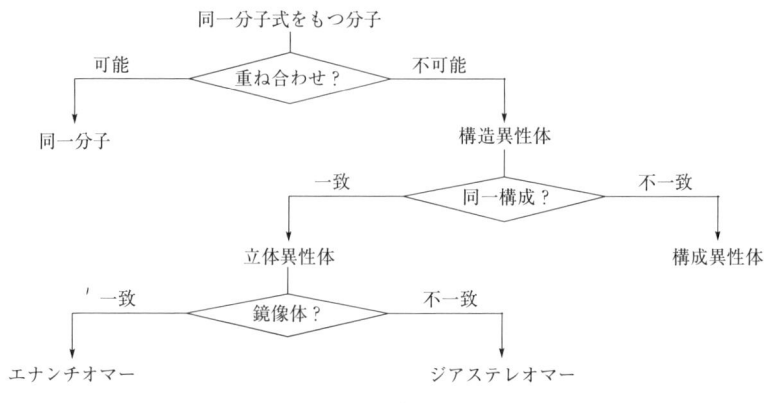

図 2.1 異性体間の関連

　数種類の構造式を統一した書式で描いた後，それぞれを重ねてみて，寸分違わず重なる場合は，両構造式は同一分子である．もし重ならなければ，構造異性体（たとえば n-ブタンと 2-メチルプロパン）とまず分類される．さらに構成が同一かどうかをみることによって，同一でなければ構成異性体（たとえば 1-ブテンと 2-ブテン）と分類される．同一ならば立体異性体である．さらにこの立体異性体は，鏡像体と重なれば，両者の関係はエナンチオトロピックといい，一組のエナンチオマーである．もし鏡像体と重ならなければ，ジアステレオトロピックな関係（たとえば cis-2-ブテンと trans-2-ブテン）といい，ジアステレオマーの内の二つとなる．

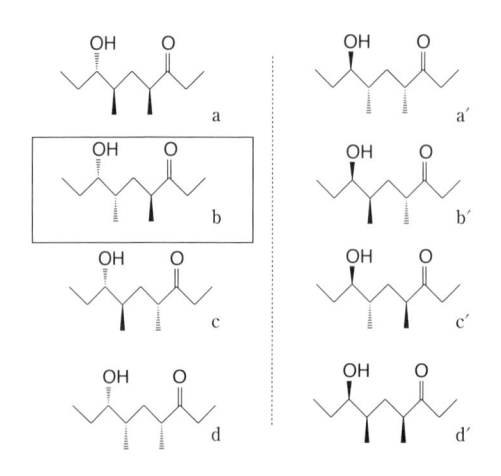

図 2.2 キラル炭素を 3 個（∴最大 8 個の立体異性体が存在）もつセリコルニンのすべての立体異性体

立体異性体以外は，書式を統一して注意深く検証すれば，容易に判断できるので，ここで注釈を加える必要はないと思われる．立体異性体の内，エナンチオマーも右手と左手の関係であるから，理解が進んでいると思う．ここでは，複数のキラル炭素をもつジアステレオマーについて，例をあげて説明する．

キラル炭素の数で表現すると1個のときは，一組のエナンチオマーを与え，2個以上になると最大 2^n のジアステレオマーを与える．たばこの害虫の性フェロモンであるセリコルニン（serricornin，文献：Mori and Watanabe）を例に取って検討する．

問題 2.1
キラル炭素の数が2個以上になると最大 2^n のジアステレオマーを与えるとあるが，なぜ最大との注釈が入るのか答えよ．

問題 2.2
2,3-ジブロモブタンのすべての立体異性体の構造を記せ．なぜ2個のキラル炭素をもつのに4個の異性体を与えないのか説明せよ．

問題 2.3
図2.2のすべての異性体のキラル炭素に Cahn-Ingold-Prelog による絶対配置の表示 R, S をつけよ．

たばこの害虫の性フェロモンであるセリコルニン自身は，図2.2中で四角の枠で囲んだbである．aとa′の対など，点線で分けた左右の化合物は，それぞれ鏡像の関係，すなわち一組のエナンチオマーである．それ以外のaとの六つの関係（対b, b′, c, c′, d, d′）は，ジアステレオマーの関係である．

理想的な場合，アキラルなカラム（光学分割ができないカラム）を装填したクロマトグラフを使うとジアステレオマーの関係にある化合物が分離できる．すなわち，8個の立体異性体を含む異性体混合物を，このカラムで分析すると4本のピークとなって現れる．それぞれのピーク成分を単離した後，再度キラルカラム（光学分割ができるカラム）を装填したクロマトグラフで分析するとそれぞれのエナンチオマーに分離でき，2本のピークが観察される．

この例からもわかるように，3個のキラル炭素をもつ化合物の分子構成だけを目指して合成すると，理論的には最終生成物として8種類の立体異性体の混合物が得られる．いかに効率のよい反応を用いたとしても，標的化合物はたった12.5%収率でしか

得られない．またとんでもなく労力のかかる分離精製を行わなければならない．したがって少なくとも正しい構造のジアステレオマーを目指して立体選択的合成(ラセミ混合物，(±)体の合成)を計画しなければならない．その場合でも最終段階で光学分割が必要となり，最高収率は50%である．原料に適切な光学活性物質(適切なエナンチオマー)を選択(6.3節や6.4節参照)するか，合成の1段階を不斉合成反応(6.2節参照)として，初めて収率100%，すなわち「欲しいものだけ」をつくる有機合成となる．合成を始めるにあたって，標的化合物の構造に対する考察が，いかに重要かが理解できる．

2.2 分子の対称性

上記のようなエナンチオマーの関係にある場合は，「対称軸はもつことはあっても，対称面はもたない」と群論から表現される．分子の対称性に関して群論で表現できると，スペクトルの解釈などに有用である．

おもな点群を表2.1に示す．それぞれの点群の有する要素，すなわち対称面 σ，回映軸 S_n，対称軸 C_n の数とそれぞれの方向性(垂直(v)なのか，平行(h)なのか)と軸の場合はそのピッチ($360°/n$ で表示)が示されている．まずは，標的化合物がどの点群に属しているかを知ることが，合成結果，とくにスペクトルデータの解釈に有用なので，それぞれの点群に属する化合物の構造を検討する(参考書: Eliel et al.)．

表 2.1 おもな点群

キラルな点群		アキラルな点群	
点群	要素	点群	要素
C_1	対称性をもたない．不斉．	C_s	σ
C_n	$C_n(n>1)$	S_n	S_n(n は奇数)
D_n	$C_n(n>1), nC_2$	C_{nv}	$C_n, n\sigma_v$
		C_{nh}	C_n, σ_h
		D_{nd}	$C_n, nC_2, n\sigma_v$
		D_{nh}	$C_n, nC_2, n\sigma_v, \sigma_h$
		T_d	$4C_3, 3C_2, 6\sigma$
		O_h	$3C_4, 4C_3, 6C_2, 9\sigma$
		K_h	すべての対称要素をもつ．

キラル分子は，C_1, C_n, D_n(まれに T, O, I)の点群に属するものである．それぞれについてみると，C_1 点群に属するキラル分子は，分子が Cabcd 4 置換型で対称性(対称操作として恒等操作 E しかもたない)がなく，真に不斉である．C_n 点群の場合，対

称要素は C_n 軸のみである．C_2 は一般によくみられる．C_3 はまれで，そのほかの例としては α-シクロデキストリン（C_6 対称）などがある．図2.3にそれぞれの例が示されている．

問題 2.4
図2.3にあげる化合物を命名せよ．またどの点群に属するか答えよ．

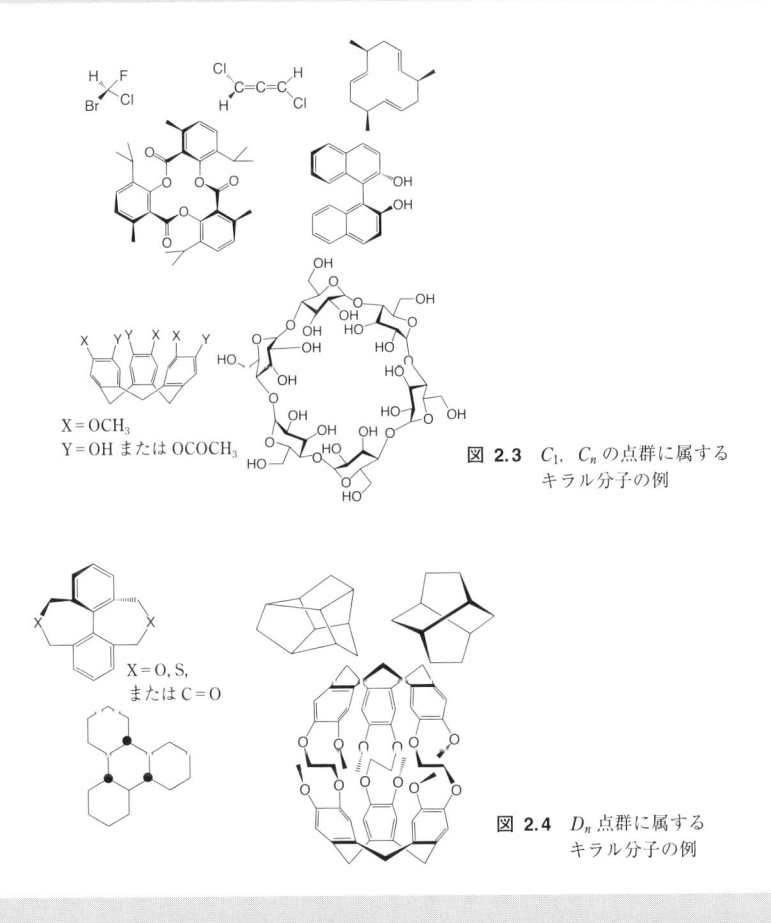

図 2.3　C_1, C_n の点群に属するキラル分子の例

図 2.4　D_n 点群に属するキラル分子の例

問題 2.5
図2.4に示す化合物が D_n 点群のどれに属するかを n 値で答えよ．

D_n 点群は, 二面群(dihedral group)ともよばれる. C_n に垂直な n 個の C_2 軸が存在する. 高い対称性をもつが, キラルである. ビフェニル(biphenyl)やツイスタン(twistane)が D_2 の例で, D_3 の例も図 2.4 に示す.

一方, アキラルな分子にのみ含まれる点群の例(対称面や回映軸をもつもの)も以下に示す. C_s 点群, すなわち C_n 軸をもたず, σ のみをもつ点群はアキラルな化合物に一般に認められる. S_n 点群で $n=2$ のとき, 対称心が存在し, C_i ともよばれる. 図 2.5 の上段に $S_2(C_i)$ を, 下段に S_4 の例を示す.

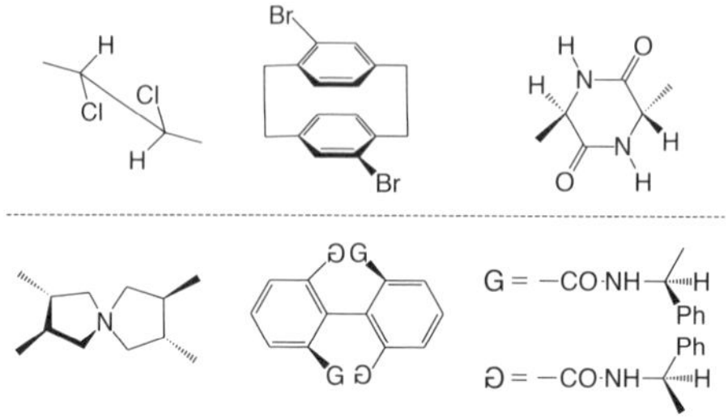

図 2.5 S_n 点群に属するアキラルな化合物の例

問題 2.6
図 2.5 に与えられた例に対し, S_2(または C_i)には対称心, S_4 には回映軸をそれぞれに描け.

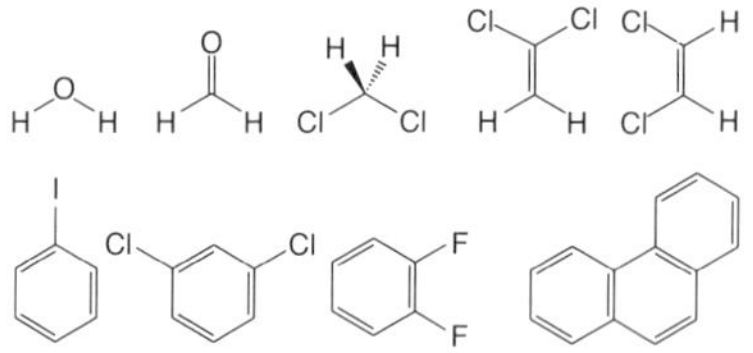

図 2.6 C_{nv} 点群に属するアキラルな化合物

C_{nv} 点群は, C_n 軸を一つ, n 個の σ_v 面をもっている. C_{2v}, C_{3v} はどちらも一般的に認められる構造で, C_{4v} 以上のものは珍しいといえる. $C_{\infty v}$ は円錐対称とよばれ, HCl, C=O, H−C≡C−Cl などが属している.

問題 2.7
図 2.6 に示す化合物が C_{nv} 点群のどれに属するかを n の値で答えよ.

C_{nh} 点群は，C_n 軸を一つ，また一つの σ_h 面をもっている．この点群に属するアキラルな化合物の例を図 2.7 に示す．

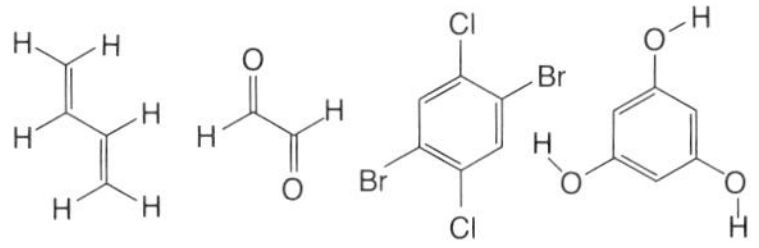

図 2.7 C_{nh} 点群に属するアキラルな化合物

> **問題 2.8**
> 図 2.7 に記す C_{nh} 点群の化合物についてそれぞれ n の値を与えよ．

D_{nd} 点群の化合物は，C_n 軸を一つ，またそれに垂直な n 個の C_2 軸，さらに n 個の σ_d 面（二つの C_2 軸を二分する面）をもっている．D_{3d} の例としては，ねじれ形配座のエタンといす形配座のシクロヘキサンがあげられる．そのほか D_{2d} と D_{5d} の例を図 2.8 に示す．

図 2.8 D_{nd} 点群の化合物

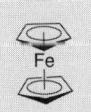

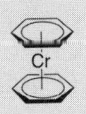

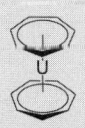

> **問題 2.9**
> 図 2.8 に記す D_{nd} 点群の化合物についてそれぞれ n の値を与えよ．
>
> **問題 2.10**
> 下記の化合物（配座は固定）の点群を答えよ．
>
> **問題 2.11**
> アダマンタンとフラーレンの構造を記せ．

D_{nh} 点群の化合物は C_n 軸を一つ，それに垂直な n 個の C_2 軸，また n 個の σ_v 面，1 個の σ_h 面をもつ．上記 D_{nd} 点群に比べて，より一般的な部類に属する．D_{2h} の分子としてエテン，p-ジクロロベンゼンなどがあげられる．D_{3h} としては BF_3 などがある．D_{4h} の分子として $PtCl_4$ など，D_{6h} の分子はベンゼンをはじめ数多く存在する．$D_{\infty h}$ には，H–H，O=C=O，H–C≡C–H などが属する．そのほかの D_{nh} に属する興味深い芳香族化合物の例，トリフェニレン(triphenylene)とコロネン(coronene)とケクレン(kekulene)を図 2.9 に示す．

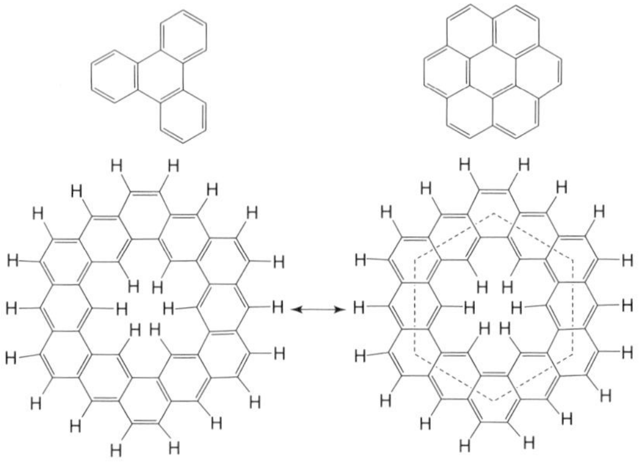

図 **2.9** D_{nh} に属する興味深い芳香族化合物：トリフェニレン，コロネン，ケクレン

T_d，O_h，I_h 点群，K_h 点群は，もっとも高い対称性の分子が属する点群である．正四面体点群 T_d には，メタン，アダマンタン(adamantane)やテトラヘドラン(tetrahedrane)が，正八面体点群 O_h にはクバン(cubane)が，正二十面体点群 I_h には正十二面体(ドデカヘドロン)と正二十面体(イコサヘドロン)が属する．球体の属する点群は K_h である．ちなみにフラーレン(fullerene)は，角切り正二十面体(truncated icosahedron)の構造で，I_h 点群に属し，群論的には正十二面体や正二十面体と同じ扱いである．正立方体とともに関連する化合物を図 2.10 に示す．

最後に異性体の数に関して次の話を付け加える．有機化学を習った人に C_6H_6 の分子式をみせると，百人中百人がベンゼンの構造を思い浮かべる．しかしいくら分子ひずみ(後述)が大きくてもかまわない条件で数え上げると，C_6H_6 の分子式を満たす構造として 217 種類が描けるとコンピューターは教えてくれる．同じようにフラーレンの分子式 C_{60} を与えると，コンピューターは 1812 個の異性体が存在することを示す．しかし，この場合，さらに 5, 6 員環で形成され，また 5 員環は辺で接しない(IP 則：

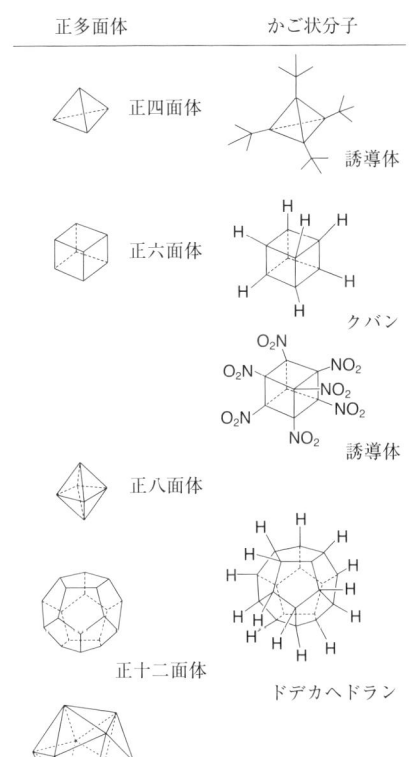

正多面体	かご状分子
正四面体	誘導体
正六面体	クバン
	誘導体
正八面体	
正十二面体	ドデカヘドラン
正二十面体	

図 2.10 正多面体とそれを模した有機化合物
（文献：Maier et al., Eaton and Cole, Zhang et al., Ternansky et al.）

isolated pentagon rule）構造である条件を入れると，たった1個の I_h 点群に属する構造を示してくれる．余談になるが，ベンゼンもフラーレンも炭素や有機物を燃焼させるだけで生成することを考えると，炭素に関して自然は意外と均整の取れた美しいものを好んでいるようにみえる．

問題 2.12
ベンゼンが属する C_6H_6 の分子式を満たす有機化合物の構造ですら，手で1個1個書いて，この数を確かめることは神経をすり減らすだけで，誰も挑戦するとは思えない．しかしこの分子式で重要な化合物（ベンゼンの構造異性体）はすでに知られている．できるだけ多くの異性体を記せ．

問題 2.13
D_{nh} に属するトリフェニレン，コロネン，ケクレンの n 値を与えよ．

● 課 題 ●

2-01 図 2.9 におけるトリフェニレンやコロネンについて，ケクレンにならって共鳴構造式を描き出せ．

2-02 図 2.10 におけるテトラヘドランとクバンとオクタヘドランとドデカヘドランの分子構造について，どの点群に属するか答えよ．

2-03 図 2.11 の中から一つの化合物を選び，その構造的特徴を論じよ．また合成について調査せよ．

2-04 セリコルニンの全合成についてまとめよ（文献：Mori and Watanabe）．

2-05 クバンは，シクロペンテノンを出発物質として 5 段階で合成された（最初の合成に関する文献：Eaton and Cole）．この合成経路を書き写し，各段階の有機反応の特徴をまとめよ．

2-06 キラルな遷移金属配位子を調査し，その一つの構造を描き，かつどの点群に属するかを記せ．

2-07 C_6H_6 の構造は 217 種類あることを報告した論文と分子式 C_{60} を与える構造は 1812 種類あることを示す計算結果を報告した論文をそれぞれ調査せよ．

CHAPTER 3

有 機 合 成

教授：「君は合成が上手いね．後輩のために，その奥義を教えて欲しい．」
学生：「簡単です．できるまで実験するだけです．」

　有機合成は，有機反応にその基礎をおいている．最高の有機合成とは，市販の安価な原料，最短のルート，最高の総合収率(overall yield)などがその主要な部分となっている．したがって，その立案，遂行には，有機反応に対する深い理解が求められる．
　それでは有機反応が起こるうえで，どのような点について考えることが必要なのか．初歩の有機化学では，反応を電子過剰の原子と電子不足の原子間で生じるものにほぼ限っている．極端な例でいえば，プラス電荷の原子とマイナス電荷の原子間の反応で結合が生じる反応である．このような状況を勘案して有機反応の起こるミクロな環境を表現したのが，図3.1である．

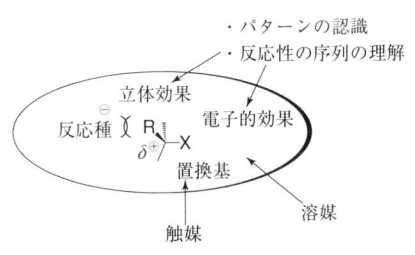

図 **3.1** 有機反応化学の要点（一例）

置換基の影響のため基質の反応点(原子上)で電子的な偏り(電子的効果,誘起効果)が起こり,その原子に電子過剰の原子あるいは電子不足の原子を反応点とする化学種が接近して,電子雲の重なりが生じて反応が起こると説明できる.したがってこの誘起効果の予測(電気陰性度をもととした)が合成を行ううえでの大きな入り口となる.また原子は数学的な定義の「点」ではなく,空間的な体積をもつものであるから,立体的な影響を周りの環境(立体効果)から受ける.近寄れないほど混んでいれば,反応は起こらない.またこの反応の環境には,使用する溶媒や触媒も大きく関与し,活性化エネルギーに影響して反応を左右する.

そのほか,遊離基(ラジカル)を使用する反応がある.しかし,この初歩入門書ではあまり触れないことにする(6.2節参照).一方周辺電子環状反応は,機構的には同じく本初歩入門書から外れるが,効率ならびに立体選択性がよいので4.6.2項で取り上げる.

有機合成は,反応だけで成り立っているわけではない.反応を戦術あるいは合成操作という布の縦糸とすると,その全体計画は戦略あるいは布の横糸にたとえることができる.ちなみに,1970年代から合成計画のソフトウエアが開発され,合成の専門家によって精選された有機反応の情報が収められ,標的化合物がインプットされると,これらの反応をどの順序で効率的に使用するかを,このソフトが描き助言する.以前に講演会で聴いた話だが,「あるプロジェクトにかかわる有機合成化学者は,コンピューターが出した解答に飽きたらず,逆に闘志をかき立てられ,ほかのルートを編み出すのに奮闘する」のが普通のようである.まだまだチェスの世界よりも人智が優位な分野である.

以下に,その戦術と戦略の基礎的な部分を記す.とくに反応については,基礎有機化学のまとめであるから,本書の説明不足のところなどについては教科書を見直すよい機会になると想像される(参考書:奥山,フェッセンデン,ボルハルト・ショアー,Deslongchamps, Smith and March).

問題 3.1
有機化学の教科書には大きく分けて,反応機構に重点をおいたものと官能基による分類に重点をおいたものがある.習ってきた有機化学の教科書の章立てからみて,あえていえばどちらに属する教科書か評価せよ.

3.1 反応(戦術・横糸)の要点
3.1.1 反応種:カルボカチオン,カルボアニオン,ラジカル

上述のように反応種には,＋電荷のものと－電荷のもの,そして中性のもの(ラジカル)がある.スキーム3.1に炭素-炭素一重結合の開裂によるそれぞれの発生を模式的に示している.共有結合が均一開裂して,使われている2個の電子がそれぞれの炭素に属した結果,遊離基・ラジカル種となる.一方不均一に結合を開裂して,使われている2個の電子が一方の炭素に属した結果,カルボカチオンとカルボアニオンが生じる.

カルボカチオン(または電子の偏りで部分的に正に帯電した炭素核)と反応する化学種が求核剤(または負に帯電した反応種や電子の偏りで部分的に負に帯電した反応種)とよばれる.復習になるが,有機化学においては,断らない限り,核とは炭素核を意味する.一方あまねくカチオン(または電子の偏りで部分的に正に帯電した反応種)を求電子剤とよぶ.もちろんプロトン(H^+)と反応する負に帯電した反応種は塩基とよぶ.

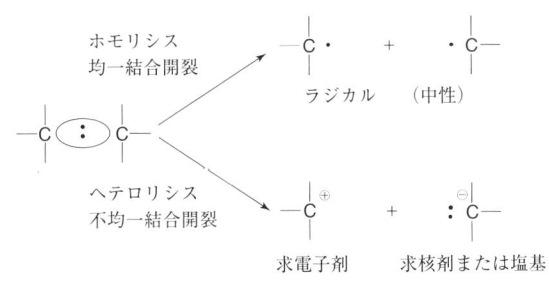

スキーム 3.1 炭素-炭素一重結合の開裂による反応種の発生

問題 3.2
下記の化合物について,求核的炭素には δ^- を,求電子的炭素には δ^+ をつけよ.

a) $H_3C-C(OH)(CH_3)-CH_2-C(=O)-CH_3$

b) (二環式ケトン)

c) H_3C-置換シクロペンテノン

d) H_3C-Br

e) H_3C-CH_2-Li

f) C_6H_5-MgBr

このような反応種の発生方法の把握と理解が，合成の基礎となる．一般的には，ハロゲン（電気陰性原子）が置換した炭素は，誘起効果により正に部分帯電し，求核剤の攻撃を受ける．自身は求電子剤（または極端な場合カルボカチオン）となる．陽性原子（周期表で炭素よりも左の元素）が置換した試薬，たとえば n-ブチルリチウムは，リチウムが置換した炭素は負に帯電し，求核剤となる．またカルボニル炭素（$>C=O$）は正に分極して，求核剤の攻撃を受ける．このようにして生じる両極端の炭素反応種，すなわちカルボカチオン（または正に帯電した炭素を含む反応種，求電子剤）とカルボアニオン（求核剤）との反応によって炭素−炭素一重結合が形成される．ある求電子剤とある求核剤との間の反応速度の予測については，実験的研究が精力的に進められている（文献：Mayr and Ofial）．

3.1.2 有機化合物の酸性度定数

カルボアニオン（または求核剤）の発生には，その原料，一般には中性の有機化合物の炭素が有する水素の酸性度が鍵となる．表3.1に無機酸（酸性度定数 ≒ −9）からエタン（酸性度定数 ≒ +50）まで代表的な例を示す．この定数の厳密な定義は復習にまかせるとして，簡単にいって数値が小さいほど，その炭素に置換されている水素がプロトン（H^+）として解離しやすく，その結果としてカルボアニオンが発生しやすいことになる．しかし，各種アルカリ金属アルコキシドや同アミド，有機リチウム試薬などの強力な塩基が入手可能なので，適切な塩基と溶媒を選択することにより，ほとんどの場合 H^+ 脱離により必要なカルボアニオン・求核剤の発生は可能といえる．

表 3.1 代表的な化合物の酸性度定数

化合物	pK_a	化合物	pK_a	化合物	pK_a
HI	ca. −9.5	H_2CO_3	6.37	ROH	15〜19
HBr	ca. −9	HCN	9.31	CH_3COCH_3	30
HCl	ca. −7	$CH_3COCH_2COCH_3$	9	$CH_3COOCH_2CH_3$	35
H_2SO_4	ca. −5	NH_4^+	9.4	$RC\equiv CH$	ca. 35
H_3O^+	−1.7	C_6H_5OH	10.00	$HC\equiv CH$	ca. 36
H_3PO_4	3.13	CH_3NO_2	10.21	NH_3	ca. 35
HF	3.45	$CH_3COCH_2COOCH_2CH_3$	11	C_6H_6	ca. 43
$C_6H_5SO_3H$	3.55	$CH_3CH_2OCOCH_2COOCH_2CH_3$	13	$CH_2=CH_2$	ca. 45
CH_3CO_2H	4.75	H_2O	15.74	CH_3-CH_3	ca. 50
RCO_2H	3〜6	C_2H_5OH	15.9		

問題 3.3
現在アルキルリチウムの多くは溶液として市販されているが,実験室で合成する場合の反応を示せ.また t-ブチルリチウムなどは空気中で発火するので,注意が必要であることも学べ(文献:*Chem. Eng. News*).

問題 3.4
酸性度定数と塩基性定数は相互に変換可能である.両者の関係を表す式を与えよ.

3.1.3 巻き矢印による反応機構の表現:有機電子論

先に有機反応は,正に帯電した原子と負に帯電した原子間で起こって,結合を生成すると述べた.すなわち Y^+ と Z^- が反応して Y–Z 結合をつくるのが基本的な部分である.Z^- のもつ孤立電子対を Y^+ の方へ移して YZ 両者でこの 2 電子を共有して結合とする.この電子雲の変化を有機電子論では巻き矢印(双頭の巻き矢印)で表す.これに習熟しておくと合成計画作成に大きな武器となる.復習の意味で,水酸化ナトリウムとクロロエタンの E2 反応を例に取って機構を図示する(スキーム 3.2).

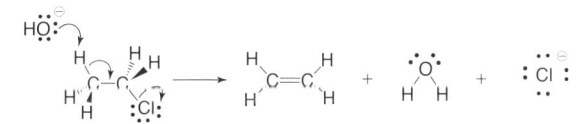

スキーム 3.2 巻き矢印による反応機構(E2 反応)の表現

問題 3.5
HBr のプロペンへの求電子付加で 2-ブロモプロパンが得られる.位置選択性(Markovnikov 則)も加味して,この機構を巻き矢印で示せ.

問題 3.6
釣り針型の巻き(片羽)矢印も使用される.どのような場合か答えよ.

問題 3.7
エテンと 1,3-ブタジエンからシクロヘキセンが得られる Diels-Alder 反応(4.6.2 項参照)の機構を巻き矢印で示せ.実際には,この反応の機構は周辺電子環状反応として議論される.この巻き矢印で表現された機構では不十分なことを無水マレイン酸とシクロペンタジエンの反応を例に取って示せ.

3.2 合成計画(戦略・縦糸)の要点

合成すべき目的化合物を標的化合物(ターゲット,target)とよび,その構造を基点として段階的に分解(分析)していく方法を逆合成とよぶ.その際上述の巻き矢印や有機化学で使用する矢印(表 3.2)と区別するため,末尾が開いた太い矢印が使われる.またその上部に使用する反応名や条件を書く.一般の反応の表示の逆である.

表 **3.2** 有機化学に関係する各種矢印一覧

矢印	有機化学で使用するときの意味
→	反応の進行方向
⤴	電子対の移動(矢の根本から矢の先端へ),機構
⇌	平衡反応
↔	共　鳴
↷	転位(rearrangement,相転移(phase transition)ではない)
⟹	逆合成(末尾が閉じていない点に注意)

反応は合成の各段階の戦術といえる.一方,合成の全体を設計すること,すなわち逆合成が戦略といえる.可能な限り,使用する反応は効率のよいものが選択される.この選択は重要で,合成には多段階を要するため,1段階でも低い収率(yield)の反応を使用すると全体の効率が低くなる.たとえば 5 段階の合成に 90% の高収率の反応を使用した場合,$(0.9)^5 = 0.59$ すなわち 59% で,ほぼ満足できる総合収率を与える.一方,単独で使用するならば妥当と判断される 50% の収率の反応を 5 回使うと,$(0.5)^5 = 0.03$ すなわち 3% となり,特殊な場合を除き,現実的な総合収率とはならない.多量に生成物が必要な場合には,このような低い総合収率を与える計画では実施できない.

収率に加えて反応の選択性は重要で,目的とする欲しい化合物を選択的に(理想的には独占的に)合成できる反応ならびに反応条件が必要である.

反応を選択する際の視点でもう一点付け加えると,反応条件に対する考察の必要性である.卓越した合成技術を有する研究室ならば,シャープな反応条件,すなわち適切な温度や圧力や時間などの範囲が狭い反応であってもその実施に問題は少ないかもしれないが,一般的には条件の許容範囲が広い方が有利である.とくに工業的に使用する場合は,この視点は重要である.企業の研究者は,次のように表現している.

［私は自分にこう問う，……「いいかげんな方法（工業的製造法）で合成できる触媒か？」と（文献：檜原）．］

しかし，いかに適切な条件下の効率のよい反応（戦術）であっても，それを使う順序など反応経路の設計（戦略）が誤っていると目的は達成できない．合成をオーバーオールに鳥瞰的にみることが重要となる．もっとも重要な計画の第一歩は原料の選択である．もちろん標的化合物の骨格をもち，部分的な官能基変換で目的を達成できる原料があれば，それに越したことはない．しかし，単純な化合物を除いて，そのような原料は入手可能ではない．とくに大量に必要とする場合は絶望的である．したがって相当に単純な市販の原料にまで逆合成で戻らなければならない．その際，薬品のカタログは，適切な原料を選択するうえで役立つ．

一般的にいって炭素数が6個までで，各種官能基，たとえばクロロ，ブロモ，ヒドロキシ，ホルミル，カルボニル，カルボキシル基を1個ないし複数個有する直鎖化合物，1個の官能基をもつ脂環式5～7員環化合物，各種置換基を3個程度までもつベンゼン，ポリメチルベンゼン，3環式までの芳香族化合物，1個のヘテロ原子をもつ各種ヘテロ環などは入手可能といえる．複雑な構造の有機化合物も購入できるが，その構造には規則性はない．最近光学活性な化合物も数多く入手可能となっている．しかし，一部を除いて高価である．有機化学で学習する不安定中間体，たとえばジアゾメタン，ケテン，ベンザインなどは，反応直前に調製するか，系中で発生させる必要がある．

問題 3.8
ケテンの発生方法を示せ．アレンとの反応性の差を論じよ．

3.2.1 パターンの認識

逆合成を行ううえで標的化合物の炭素鎖に特定のパターン（官能基の配列）を見出すことは重要である（参考書：Warren）．

一つの反応過程が炭素-炭素結合の範囲だけの構造変化となる場合と，数炭素間の構造変化となる場合があり，とくに後者のパターンは特徴的で，そのようなパターンを標的化合物の骨格に見出せば，より洗練された逆合成へと導ける．その意味で以下の二つのパターンを紹介する．

一つは，アルドール縮合とそのカルボン酸型であるClaisen縮合（分子内反応の場

合 Dieckman 環化反応とよぶ)である．どちらも酸素官能基をもつ炭素 1 から数えて三つ目の炭素 3 に同じく酸素官能基をもつ(前者の場合，脱水過程を経て二重結合となっている場合も多い)のが特徴である．とくに後者においては最終的に脱炭酸して官能基を消去する場合などがあり，発見に手間取るので注意が必要である．例をスキーム 3.3 と 3.4 に，それぞれの記憶を助けるよび名(括弧内)とともに示す．

スキーム 3.3 アルドール縮合 (1,3-ジ O のパターン)

スキーム 3.4 Claisen 反応 (1,3-ジ CO のパターン)

スキーム 3.5 Michael 反応 (1,5-ジ CO のパターン)

スキーム 3.6 Robinson 環化反応

もう一つは，Michael 反応による生成物である．これは，カルボニル基をもつ炭素 1 から数えて五つ目の炭素 5 に同じくカルボニル基をもつのが特徴である．例をスキーム 3.5 に示す．

アルドール縮合と Michael 反応をタンデム（tandem，直列）に活用したのが，Robinson 環化反応である．例をスキーム 3.6 に示す．

これらに加えて 4 章で触れるが，周辺電子環状反応などのパターンも大変特徴的で逆合成の重要な手がかりとなる．

3.2.2 分子ひずみ

合成に際して，構造に隠された分子ひずみを明らかにしておく必要がある．ひずみには，分類上，結合角度ひずみ，結合長ひずみ，配座ひずみ，π電子反発によるひずみがあり，その総合的な結果として分子にひずみを与えている．総合的という意味は，分子全体でもっともひずみが緩和される方向に，結合角，結合長，配座などを調整し，全体としてもっとも低いひずみエネルギーを取っているという意味である．

結合角度ひずみや結合長ひずみが大きい場合には，CPK（Corey-Pauling-Koltun）モデルを組んでみると定性的によく理解できるが，電子的な反発はこの模型によって直接的（組みにくいなど，模型を組むうえで障害がある）に検証することは困難な場合が多く，各フラグメントの部分についての深い考察が必要である．

(1) 分子力場計算や分子軌道法によるひずみの評価

橋梁の設計技術を応用して分子力場計算の方法が編み出され，現在では標的化合物の立体エネルギーが容易に計算できるようになり，関連化合物間の定量的な比較が可能になっている．

分子力場計算プログラム MM2 や MM3 を用いて，標的化合物およびその一つ手前の標的化合物を計算し，立体エネルギー値を求め，加わったり除去された部分の評価をして，ひずみを見積もることが可能で，簡易的にひずみを評価する方法となる．

さらに正確には HDE（homodesmic destabilization energy）法（文献：Wheeler et al.）で評価できる．標的化合物を徐々にひずみのかからない化合物へ分解し，それぞれの仮想の反応式の両辺の結合のバランスを取った後，分子の生成熱を望みの精度の分子軌道法で計算し，最終的に直鎖状などの基本的な分子へ分解されたところで，その各段階の反応式の差を合計してひずみエネルギーとする方法である．1,2-エタノ[2.n]パラシクロファンを例に取って，その詳細をスキーム 3.7 に，その結果を表 3.3 に示

スキーム 3.7 HDE 法による 1,2-エタノ[2.n]パラシクロファン誘導体のひずみエネルギー計算のための構造分解スキーム

表 3.3 HDE 法によって見積もられた 1,2-エタノ[2.n]パラシクロファン誘導体のひずみエネルギー(PM3 レベル)

[2.n]	ひずみエネルギー/kJ mol^{-1}
[2.2]	217
[2.3]	172
[2.4]	142

す(文献:Nishimura et al.).

　ひずみが高い化合物は,当然合成しにくいが,合成化学者は一般に挑戦する心が強く,一見不可能とみえる多くの物質の合成に成功を収めている.コランヌレンや積層型[2.2]パラシクロファンや[1.1]パラシクロファンにその例をみることができる(7.1.2 項および 8.1 節参照).有機合成は,勇気(少しでよい)をもって挑戦し,人智を縦横に活用し,結果を残すことにその真髄がある.西田哲学「善の研究」に通じるものがある.

　　教授「君は合成が上手いね.後輩のために,その奥義を教えて欲しい.」
　　学生「簡単です.できるまで実験するだけです.」

もちろんこの会話では短すぎ,真意が伝わらない.意味するところは,ピンチをチャンスと捉え,「3 人寄れば文殊の知恵」,「岡目八目」に期待して,指導者や周囲の研究者と緊密な意見交換(研究相談)をして,原料や不純物や副生成物と思われるものにも,細心の注意をはらって実験研究を続けることが,多くの場合に合成を成功に導いている.

　(2) シクロアルカンのひずみの傾向

　シクロアルカンとそのひずみ,さらにそれらの合成に触れる.炭素原子で構成でき

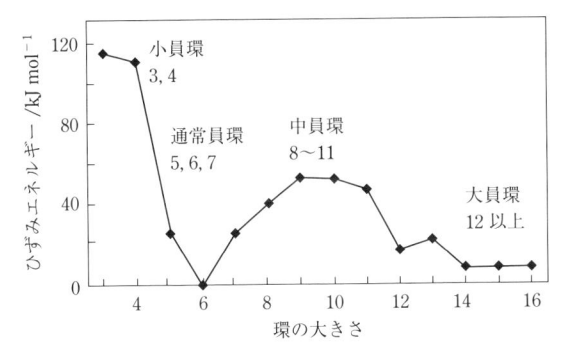

図 3.2 シクロアルカンとそのひずみエネルギー（参考書：Eliel et al.）

るもっともひずみのない環は6員環である．これは，sp^3混成軌道を取ることにより，炭素-炭素結合角が119.5°となるためである．ひずみと員数の関係を図示すると図3.2となる．ひずみの大きい小員環(3,4員環)，ほとんどひずみのない通常員環(5,6,7員環)，そして中員環(8〜11員環)，大員環(12員環以上)に分類される．5,6員環は簡便な炭素-炭素結合形成反応で合成可能である．3,4,7,8員環も単純な場合は合成法が開発され，ひずみの割には容易に構築できる．しかし中員環は簡便な炭素-炭素結合形成反応では合成が困難なことが知られている．大員環は，直鎖の化合物と変わらなくなり，合成を分子内に限る方法(たとえば高度希釈法)を取れば，収率よく合成できる．

問題 3.9
　高度希釈法で大員環化合物が効率よく合成できることを，分子内と分子間の反応速度を比較する(除算)ことで証明せよ．

3.2.3　保護と脱保護，活性化基

　洗練された合成には，余分な官能基変換が含まれない．そのような合成計画を立案することが大事であるが，常に妙案が浮かぶとは限らない．泥臭いがもっとも論理的に妥当な方法で逆合成を立案するのが，まずは第一歩である．先に全合成が天然物の構造決定の最終的な決め手となると述べた．このような目的のためには，なおさらである．使用する反応の機構などに一点の疑いがあっても構造決定の証拠にはならない．石橋を叩くような合成経路を取る．その際よく使用されるのが，官能基の保護と脱保護である．また糖やペプチドやヌクレオシドなどの合成には，なくてはならない手法

となっている(参考書：Wuts and Greene).

　反応点の保護には，官能基変換による保護と立体的に試薬の接近を避ける保護がある．カルボニル基の炭素に求核剤が反応できなくするため(保護)には，エタンジオールを酸触媒下反応させてアセタールに変換する(スキーム3.8反応(1))．この脱保護には酸性水溶液中で処理するなどの方法が取られる．プロトンを放出する官能基(ヒドロキシ基など)の場合，エステル化やエーテル化で保護される(スキーム3.8反応(3)，(4))．脱保護には酸触媒加水分解や，ベンジル基の場合は水素添加による分解が使われる．スキーム3.8には，2,3の官能基とその代表的な保護・脱保護を示す．

　反応をより円滑に進めるため「活性化基の導入」も必要な技術である．たとえば，Claisen縮合の後，二酸化炭素として消滅させることが多いカルボアルコキシ基は，

スキーム 3.8　代表的な保護と脱保護

活性化基といえる.

　芳香族求電子置換反応の位置選択性は，置換基が活性化基か，不活性化基で決まる(5.1.4項参照). これに加えて位置選択性の向上に使われるのが，立体的にかさ高い基の導入による周辺の反応位置(o-位)の保護である. たとえばアセチル基で保護されたアニリンに求電子剤を反応させるとo-, p-選択的に反応が起こるが，まずt-ブチルカチオンを反応させ，p-位にt-ブチル基を導入した後，望みの求電子剤を反応させるとo-位にのみ反応が起こり，その後生成物を酸触媒存在下ベンゼン中で加熱かくはんするとt-ブチル基がブテンとなって脱保護され，望みのo-置換体が得られる.

　標的化合物によっては，置換基の導入順序によって立体選択性を制御することが可能である. これも広義の保護基としての役割を果たしているといえる. もちろん脱保護の必要性はない. 洗練された有機合成ではしばしばみられ，多くの化学者の賞賛の的となっている.

3.2.4 極性変換

　合成を計画するうえで，問題となるのは反応種の選択である. 導入すべき置換基に対応する反応種の極性が，標的化合物の構造(分極)と一致する場合は，通常の反応を行う方向でよい. たとえば，アシル基が必要なところで，その反応種としてアシルカチオンで導入できれば，極性的にまったく問題はない. しかし，時として，アシルアニオンが合成戦略上必要となる. そのような場合には，アシルアニオン等価体を利用する必要がある. このような考え方は，極性変換とよばれる.

　シントンとその合成等価体の例をスキーム3.9に，さらに実際の合成をスキーム

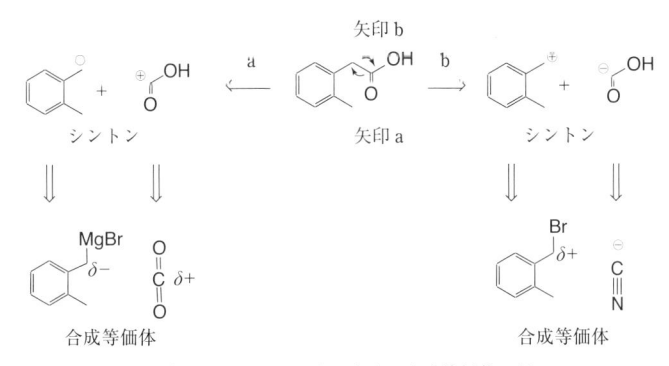

スキーム 3.9 シントンとその合成等価体の例

3.10 に示す.ただし,反応(1)はベンジル Grignard 試薬の不安定性のため高収率は期待できない.

$$\text{(1)} \quad \text{o-MeC}_6\text{H}_4\text{CH}_2\text{MgBr} + \text{CO}_2 \xrightarrow[\text{2) HCl/H}_2\text{O}]{\text{1) エーテル}} \text{o-MeC}_6\text{H}_4\text{CH}_2\text{COOH}$$

$$\text{(2)} \quad \text{o-MeC}_6\text{H}_4\text{CH}_2\text{Br} + \text{Na}^+\text{CN}^- \xrightarrow{-\text{NaBr}} \text{o-MeC}_6\text{H}_4\text{CH}_2\text{CN} \xrightarrow[\text{加水分解}]{\text{酸または塩基/H}_2\text{O}} \text{o-MeC}_6\text{H}_4\text{CH}_2\text{COOH}$$

スキーム 3.10　選ばれた合成等価体による合成

問題 3.10
　下記の化合物をアシルアニオン(シントン)を用いて逆合成せよ.さらにこのシントンの合成等価体を与えよ.

(1-ヒドロキシシクロヘキシル)メチルケトン

3.2.5　直線的合成と収束的合成

　合成計画上留意する点で,収率向上に必要な考え方として重要な収束的(convergent)合成について解説する.スキーム 3.11 に二つの合成法を示している.両者ともに反応を 5 回使っている.一方の合成計画(1)は直線的(linear)合成とよぶ.中間体をつくっては次の段階へ進む直列的な合成である.もう一方の合成(2)は,並列的に 2 種類の中間体を調製し,最後にこれらを反応させて標的化合物とする計画である.

$$\text{(1)} \quad A \longrightarrow \underset{90\%}{B} \longrightarrow \underset{81\%}{C} \longrightarrow \underset{73\%}{D} \longrightarrow \underset{66\%}{E} \longrightarrow \underset{59\%}{F}$$

$$\text{(2)} \quad \begin{array}{l} A \longrightarrow \underset{90\%}{B} \longrightarrow \underset{81\%}{C} \\ A' \longrightarrow \underset{90\%}{B'} \longrightarrow \underset{81\%}{C'} \end{array} \Bigg\} \longrightarrow \underset{73\%}{F}$$

スキーム 3.11　直線的合成と収束的合成

すべての反応(段階)の収率を90%と仮定して，総合収率を算出すると，両者に14%の差が出る．結論として，可能ならば直線的ではなく収束的な合成計画を立てる方が合理的である．

> **問題 3.11**
> 収率1%の反応が，スキーム3.11の直線的合成の一か所に組み込まれた場合の総合収率を計算せよ．

3.3 合成スキームの最適化

複雑な標的化合物の場合，逆合成により合成計画を立て，実際に細部にわたってスキームを書き上げた時点で，そのスキームの最適化が必要である．総合収率が高いと予想できるか，保護および活性化ステップの数が少ないか，特殊な試薬を必要としないか，実現の可能性が高いかなどが評価の要点となる．ただし，常に必要なデータが文献やほかの研究者から得られるとは限らない．そのような場合はモデル化合物について実験データを集めることもある．さらには，問題となるステップについてバイパスをあらかじめ用意することも有効な戦略である．

実際の合成にあたっては，パイロット実験で数段先まで先行して問題点がないことを確かめつつ進めるのが普通である．この実験には経験を積んだ研究者があたる．そこで得られた詳しい実験操作法(recipe，マニュアル)に従って，後続の実験者が標的化合物へ向けての中間体を供給する．登山にたとえればベースキャンプへの補給に匹敵する．このような状況下で，経験の浅い人にとっては，経験を積んだ研究者から実験操作だけでなく，実験室における立ち居振る舞いまで，参考になることを見習うよい機会となる．ガラス器具を割ることの多い後輩に，先輩が次のように忠告した．「茶道でよくいわれる千利休の言葉があります．"物を置くときには，恋するものに別るるが如く"」日本には美しい伝統が継承されている．

● 課 題 ●

3-01 表3.1に示す化合物について，それぞれプロトンとして解離する水素原子に○をつけよ．

3-02 図3.1を具体的なS_N2反応に置き換えて，図中の各項目についてその反応の要点をまとめよ．

3-03 Mukaiyamaアルドール反応について，その詳細と天然物合成への応用例を調査せよ．

3-04 種々の反応において触媒や酵素の添加は不可欠である．触媒や酵素の果たす役割およびそれらを用いる意義について説明せよ．

3-05 卓越したアイデアで立体選択性を制御した全合成の一つにテトロドトキシン(図1.1参照)があげられる．どの部分にそれが匹敵するかを調査せよ(文献：岸，Kishi et al.)．

3-06 高い反応性のため溶液中では短寿命のベンザインも，ある条件下では通常の走査速度でスペクトルを測定できる．どのような方法で取り扱われたか調査せよ(文献：Warmuth)．

3-07 有機合成用ソフトとして現在使用されているものを調査せよ(文献：Corey and Wipke，堀)．

CHAPTER 4

骨格合成

Kumada-Tamao-Corriu カップリング反応をはじめとして，炭素-炭素間のカップリング反応は，強力な合成反応である．

　有機化合物の合成に際しては，もちろん全体を総合的にみて戦略・戦術を立てなければならないが，まずは二つの視点で有用な反応を整理する．その二つの視点とは，本章で取り上げる骨格合成に有用な反応，そして次章で触れる官能基変換に有用な反応である．後者には，合成化学上重要な酸化・還元反応を含んでいる．
　骨格という限り，炭素-炭素結合のみで形成されたものばかりが対象ではないが，結合形成上比較的困難な場合が多いので本章ではおもに炭素-炭素結合形成反応による骨格合成を取り上げ，比較的形成が容易な炭素-ヘテロ原子間結合形成反応については，次章の官能基変換でまとめる．

4.1　アルドール縮合と Claisen 縮合のパターン

　3章で解説したように，これらのパターン(参考書：Warren)は 1,3-ジO と 1,3-ジCO のパターンとよぶ．これらの反応による逆合成を，単純な化合物を例にスキーム 4.1 に示す．単純な構造から複雑な天然物まで，このパターンに沿って逆合成され，これらの反応は威力を発揮している．

スキーム 4.1　各標的化合物のアルドール縮合(1)と Claisen 縮合(2)を念頭においた逆合成

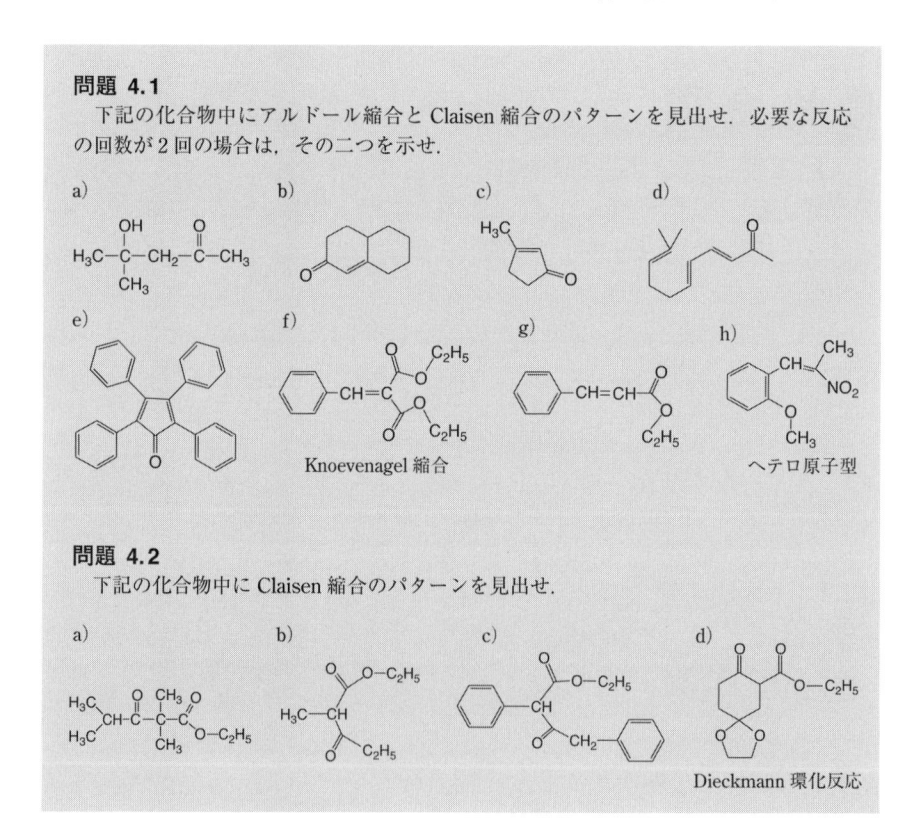

問題 4.1
下記の化合物中にアルドール縮合と Claisen 縮合のパターンを見出せ．必要な反応の回数が2回の場合は，その二つを示せ．

a) b) c) d)

e) f) Knoevenagel 縮合 g) h) ヘテロ原子型

問題 4.2
下記の化合物中に Claisen 縮合のパターンを見出せ．

a) b) c) d) Dieckmann 環化反応

4.2　Michael 反応のパターン

同じく前章で解説したように，Michael 反応のパターン(参考書：Warren)は 1,5-ジ

COとよぶ．この反応を使って合成すべき化合物の逆合成をスキーム4.2に示す．先と同じように多くの酸素官能基をもつ標的化合物は，このパターンに沿って逆合成される．

スキーム 4.2 標的化合物のMichael反応を念頭においた逆合成

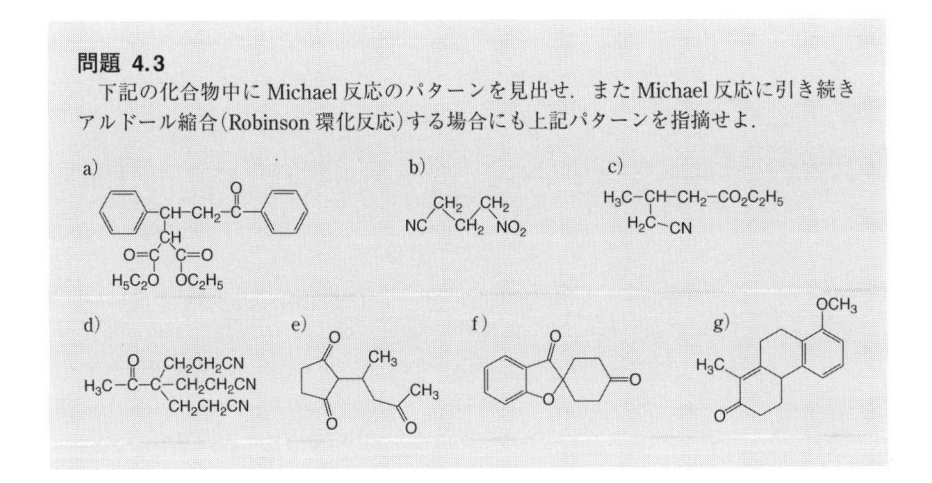

問題 4.3

下記の化合物中にMichael反応のパターンを見出せ．またMichael反応に引き続きアルドール縮合(Robinson環化反応)する場合にも上記パターンを指摘せよ．

4.3 Grignard 反応のパターン

Grignard試薬や有機リチウム試薬が，カルボニル化合物やカルボン酸誘導体と反応して形成する骨格の例をスキーム4.3に示す．得られるアルコールの1個のメチレン基を増炭する場合はホルムアルデヒドを，2個のメチレン基を増炭する場合はエチレンオキシドをGrignard試薬と反応させれば達成できる．スキーム4.3と問題4.4で確認することが望ましい．

この分野の特筆すべきトピックスとして，Grignard反応を低温で行い，反応選択性などで興味深い結果をもたらす操作法が開発されている(文献：Knochel et al., Seyferth)．この例は6.2節で述べる(−)-アクツミンの合成でも認められる．

$$Ph-MgBr + H_3C-\overset{O}{\underset{}{C}}-OEt \longrightarrow H_3C-\overset{Ph}{\underset{Ph}{C}}-OH$$

$$Ph-MgBr + H_3C-\overset{O}{\underset{}{C}}-NH_2 \longrightarrow H_3C-\overset{O}{\underset{}{C}}-Ph$$

$$Ph-MgBr + H_3C-\overset{O}{\underset{}{C}}-H \longrightarrow H_3C-\overset{OH}{\underset{Ph}{CH}}$$

$$\begin{array}{c}Ph-MgBr\\ \text{または}\\ Ph-Li\end{array} + H-\overset{O}{\underset{}{C}}-H \longrightarrow H_2C\overset{OH}{\underset{Ph}{}}$$

スキーム 4.3 Grignard 試薬や有機リチウム試薬の反応例

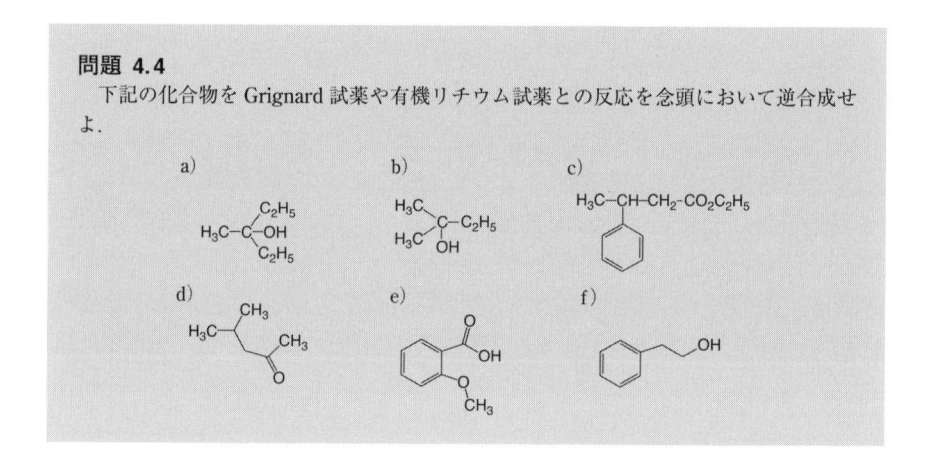

問題 4.4
下記の化合物を Grignard 試薬や有機リチウム試薬との反応を念頭において逆合成せよ.

a) $H_3C-\underset{C_2H_5}{\overset{C_2H_5}{\underset{|}{C}}}-OH$ の C に C_2H_5 も結合

b) $\underset{H_3C}{\overset{H_3C}{>}}C(OH)(C_2H_5)$

c) $H_3C-CH(Ph)-CH_2-CO_2C_2H_5$

d) $H_3C-CH(CH_3)-CO-CH_3$ （イソブチルメチルケトン相当）

e) 2-メトキシ安息香酸

f) PhCH$_2$CH$_2$OH

4.4 炭素-炭素二重結合

炭素-炭素二重結合はエタン単位の脱水や脱ハロゲン化水素で形成されるが、反応条件的に少し過激であり、中間に発生するカルボカチオン種による転位反応が誘発されることが多い. もっとも洗練された合成手段の一つはカルボニル基へのリンイリドの付加脱離を伴う Wittig 反応である. 逆合成の例がスキーム 4.4 に示されている. アルデヒド間の McMurry 反応もよく使われる（文献：McMurry and Fleming）. メタセシス（metathesis, 不均化）反応は, 二重結合 2 個から 1 個の二重結合（あるいはそ

の逆)を形成する．環化反応としてよく使われる(スキーム 4.4 中スマネンに関する文献：Sakurai et al.)．

スキーム 4.4 標的化合物の Wittig 反応や McMurry 反応やメタセシス反応(Grubbs I 触媒)を念頭においた逆合成

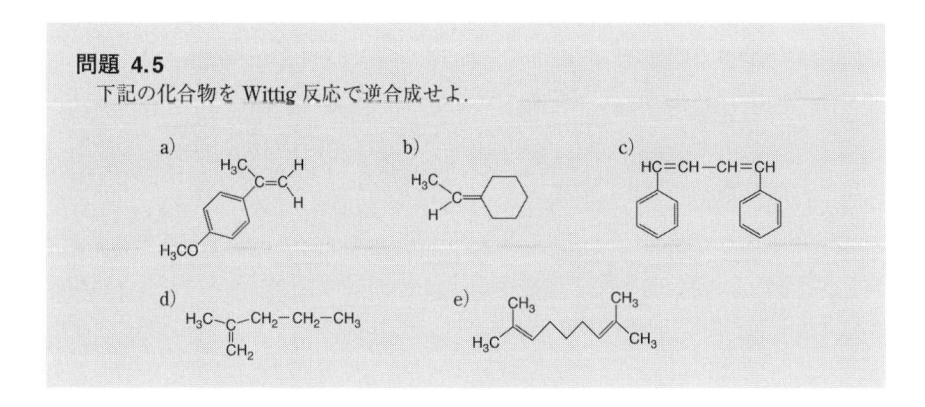

問題 4.5
下記の化合物を Wittig 反応で逆合成せよ．

a) b) c)
d) e)

4.5 遷移金属接触カップリング反応

Kumada–Tamao–Corriu カップリング反応をはじめとして，炭素-炭素(sp^2-sp^2, sp^2-sp^3, sp^2-sp)間のカップリング反応は，強力な合成反応であり，最近の多くの有機機能材料の供給に使われている．1970 年代に見出された炭素-炭素(sp^2-sp^2)間のカップリング反応をスチレン誘導体合成を例に取ってスキーム 4.5 に示す(参考書：Negishi and de Meijere)．

スキーム 4.5 炭素-炭素(sp^3 炭素を除く)間のカップリング反応(Mizorogi-Heck 反応では使用する原料の置換基 Y が生成物に入る. Sonogasira 反応では水素添加後 Y = R, それ以外はスチレン(Y = H)の合成が可能)

4.5.1 Suzuki-Miyaura 反応

炭素-炭素(sp^2-sp^2)間のカップリング反応の中でも Suzuki-Miyaura 反応が多くの合成で利用されている. 原料のホウ酸誘導体の合成が比較的容易であり，毒性も比較的低いことにその理由がある. スキーム 4.6 にこのカップリングによる逆合成の例を示している.

スキーム 4.6 標的化合物の Suzuki-Miyaura 反応を念頭においた逆合成

問題 4.6

下記の化合物をスキーム 4.5 に示した反応で逆合成せよ. その際，原料となる化合物が複雑なものであれば，さらに逆合成を進めよ.

4.5.2 そのほかの反応

炭素-炭素(sp^2-sp^2)間のカップリング反応と同じく，炭素-炭素(sp^2-sp^3)間の銅(I)接触カップリング反応や触媒反応ではないが，クプラート(R_2CuLi：Gilman試薬ともよばれる)による炭素-炭素結合(sp^3-sp^3)形成反応も注目される．種々の場面で利用価値は高い．スキーム4.7に例を示す(8.1節参照)．

スキーム 4.7 銅(I)接触カップリング反応(1)とクプラートによる反応(2)

問題 4.7
遷移金属接触カップリング反応を念頭において，下記の化合物を逆合成せよ．またb)についてはアルドール縮合を使っての逆合成も与えよ．

4.6 特徴的な構造をつくる炭素–炭素結合形成反応

特徴的な炭素–炭素結合として，3員環や4員環や6員環をあげることができる．この構造単位は多くの天然物に認められる．これらの環の合成にも以下に示すように典型的な反応が知られている．

4.6.1 3員環：カルベンとカルベノイドの反応

ハロゲンの置換した3員環はカルベンの付加で合成される（7.1.1項参照）．無置換の場合は1950年代に見出された亜鉛カルベノイドの炭素–炭素二重結合への付加による調製法（Simmons-Smith 反応とよばれる．文献：Simmons et al.）が使われる．その後の研究でこの亜鉛カルベノイドの調製法が改良され，使いやすくなっている（スーパー Simmons-Smith 反応ともよばれる．文献：Lebel et al.；爆発に関する注意．文献：Charette）．スキーム 4.8 に例をあげる．

スキーム 4.8 カルベン(1)とカルベノイド(2)による3員環化合物の形成

問題 4.8
下記の3,4員環を含む化合物を逆合成せよ．b) は3員環の開環生成物である．

4.6.2 4員環と6員環：周辺電子環状反応

先に述べた求核剤と求電子剤の間で結合形成する例と異なり，1960年代までその機構が明確でなかった一群の反応がある．代表的な例はDiels-Alder反応である．現在では「軌道対称性保存則（Woodward-Hoffmann則）」でその機構は説明される．これらの反応は，周辺電子環状反応（またはペリ電子環状反応，peri electrocyclic reaction）とよばれ，1. 電子環状付加反応，2. シグマトロピー転位反応（sigmatropic rearrangement），3. 電子環化反応，4. キレトロピー反応（cheletoropic reaction）に細分されている．表4.1に周辺電子環状反応の種類と例を示す．

これらの反応では，関与する電子の数を読めば，熱反応あるいは光反応としての成否が予測でき，かつ反応の立体選択性が予想できる．表4.2にその結果をまとめている．またシグマトロピー転位反応を例に取って，反応に関与する電子数の数え方をスキーム4.9に示す（合成例としては6.2節参照）．

表 4.1 周辺電子環状反応の種類と例

種　類	例
電子環状付加環化反応	Diels-Alder反応，[2+2]環化付加反応，1,3-双極子反応（Huisgen反応）．
シグマトロピー転位反応	Claisen転位反応，Cope転位反応．
電子環化反応	
キレトロピー反応	

表 4.2 電子数と反応の成否（立体選択性は示されていない点に注意）

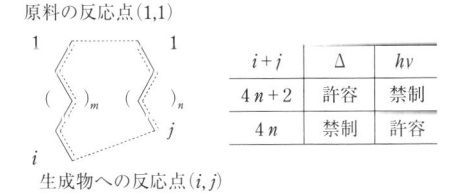

$i+j$	Δ	$h\nu$
$4n+2$	許容	禁制
$4n$	禁制	許容

問題 4.9
表4.2は立体化学的知見を加味していない．この表で許容とされる場合も，軌道の重なり方が変われば，その判定も変わることを論じよ．

スキーム 4.9 [3,3]シグマトロピー転位反応(Claisen 転位反応(1)と Cope 転位反応(2))

周辺電子環状反応の中でもっとも能力の高い反応の一つは，Diels-Alder 反応（[4+2]環化付加反応）である．ジエンとジエノフィルを加熱することにより進行し，6員環を形成する．Lewis 酸を触媒に用いることもあるが，多くの場合加熱のみで反応は進行し，かつ何よりも立体選択性が高い（シス付加，エンド選択的(Alder 則)）ことから，多数の天然物の全合成に利用されてきた．

光照射により行う[2+2]環化付加反応もよく使われる．シス付加により，立体特異的に4員環が形成される（スキーム 4.10 と問題 4.9 参照）．

スキーム 4.10 [2+2]および[4+2]環化付加反応（反応(1)の文献：Saeyens et al.）

問題 4.10
Diels-Alder 反応を念頭において，下記の化合物を逆合成せよ．
 a) シクロヘキセン　　b) 1,4-シクロヘキサジエン　　c) ノルボルネン

問題 4.11
反応の選択性を表す言葉に「立体選択的」と「立体特異的」がある．両者を定義せよ．

4.6.3 芳香環の形成

一般的にいって，有機化合物は酸化(極端な場合は燃焼)によって芳香環を形成する．石炭などはそのよい例である．この傾向は，単純な(あるいは不注意な)燃焼でダイオキシンなどの微量で有害な物質を容易に発生することにもなり，環境問題にもつながっている．合成化学的には，ベンゼン環の形成に，シクロヘキサンの酸化が使われる．

アルキンの遷移金属触媒による3量化とその関連反応は，有機機能物質やステロイド骨格形成に使われる．ピリジン環などのヘテロ芳香環は直鎖化合物の環化，それに続く脱水などで形成される．スキーム4.11にそれらの代表的な反応を示している．

スキーム 4.11 芳香環形成反応
(文献：日本化学会 編)

4.7 転位反応

上記シグマトロピー転位反応以外にも，骨格合成に関連する転位反応がある．合成によく使われる転位反応として，カルベンの挿入(ケトンへのジアゾメタンの反応，Arndt-Eistert 合成)，窒素の挿入(Hofmann 転位反応，Curtius 転位反応，Beckmann 転位反応，Schmidt 転位反応)，酸素の挿入(Baeyer-Villiger 酸化反応)，環ないし炭素鎖縮小(Wolff 転位反応，Favorskii 転位反応，ベンジル酸転位反応)をあげることができる．一般式としてそれらをスキーム4.12に示す．

$$R-\overset{O}{\underset{\|}{C}}-R' \xrightarrow{CH_2N_2} R-CH_2-\overset{O}{\underset{\|}{C}}-R'$$

$$R-\overset{O}{\underset{\|}{C}}-Cl \xrightarrow{CH_2N_2} R-\overset{O}{\underset{\|}{C}}-CH=N_2 \xrightarrow{Ag_2O} R-CH_2-\overset{O}{\underset{\|}{C}}-OH$$

$$R-\overset{O}{\underset{\|}{C}}-OH \longrightarrow \left\{ \begin{array}{c} R-\overset{O}{\underset{\|}{C}}-NH_2 \\ R-\overset{O}{\underset{\|}{C}}-N_3 \end{array} \right\} \xrightarrow[\text{または}\Delta]{NaOBr} R-N=C=O$$

$$R-\overset{O}{\underset{\|}{C}}-R' \xrightarrow[\text{アジド経由}]{\text{オキシムまたは}} R-NH-\overset{O}{\underset{\|}{C}}-R'$$

$$R-\overset{O}{\underset{\|}{C}}-R' \xrightarrow{R''CO_3H/H^+} R-O-\overset{O}{\underset{\|}{C}}-R'$$

$$R-\overset{O}{\underset{\|}{C}}-\underset{\underset{R'}{|}}{C}=O \xrightarrow{^-OH} R-\underset{\underset{R'}{|}}{\overset{\overset{OH}{|}}{C}}-\overset{O}{\underset{\|}{C}}-OH$$

$$R-\overset{O}{\underset{\|}{C}}-\underset{\underset{R'}{|}}{CH}-Cl \xrightarrow{^-OH} R-\underset{\underset{R'}{|}}{CH}-\overset{O}{\underset{\|}{C}}-OH$$

$$R-\overset{O}{\underset{\|}{C}}-\overset{N_2}{\underset{\|}{C}}-R' \xrightarrow[h\nu\,\text{や}\,\Delta]{Ag_2O\,\text{または}} \underset{R'}{\overset{R}{>}}C=C=O \xrightarrow{H_2O} R-\underset{\underset{R'}{|}}{CH}-\overset{O}{\underset{\|}{C}}-OH$$

スキーム 4.12 各種転位反応

● 課 題 ●

4-01 表 4.1 にあげた各反応について具体的な例をあげよ．その際立体選択性についても議論せよ．

4-02 スキーム 4.12 に一般式としてあげた各転位反応の具体例を与えよ．また人名反応の場合はその名称を記せ．

4-03 Grignard 試薬と α,β-不飽和カルボニル化合物との反応を具体例とともに記せ．

4-04 スキーム 4.5 の人名反応にあるわが国の化学者について調査せよ．

4-05 イリドには，リン (P-) イリドばかりでなく，N-, S- イリドがある．それぞれについて具体例を記せ．

4-06 固相における [2+2] 光環化付加反応には，Schmidt 則が知られている．詳細を調査せよ．

4-07 古くから知られたカップリング反応に Wurtz 反応がある．詳細を調査せよ．

CHAPTER 5

官能基変換・形成

> カルボン酸およびその誘導体間の相互変換は，合成上重要な分野の一つである．それらの反応は，カルボキシル基の炭素上の電子欠損性に左右される．

　有機化合物の炭素に結合する水素以外は，その目的に沿って官能基とされる．英語の functional group を訳せば，反応に寄与する基であるが，化学の先人は粋で，試薬が接近するとそれを感じる基と擬人的に捉え，官能基と命名したように想像する．まさにみてきたような名前で迫力がある．

　標的化合物のもつ官能基を整える以外に，次に応用する反応のために，既存の官能

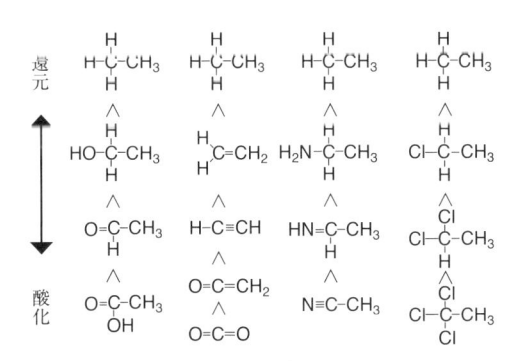

図 5.1　各種有機化合物の酸化還元ヒエラルキー

基を必要な官能基に変換することが，しばしば重要となる．以下に，官能基変換に必要な置換反応(付加＋脱離＝置換の場合も含む)，付加反応とその形成に必要な酸化と還元反応に分けて説明する．

　酸化度の高い官能基をもつ有機化合物の方が，酸化的雰囲気の地球上では調製が容易なので，有機化合物の酸化還元のヒエラルキーについて触れておく．構成炭素上の水素置換度が少ないほど酸化度が高いと一般的に表現できる．図5.1に，酸素官能基による序列と不飽和度による序列，ハロゲンなどの置換による序列を示す．下方に行くほど酸化度が高くなる．

問題 5.1
　メタンチオールからメタンスルホン酸まで酸化度の低いもの(硫黄の酸化度に関して)から図5.1にならって記せ．

5.1 置 換 反 応

5.1.1 求核置換反応：プロトン性溶媒中と非プロトン性極性溶媒中

　有機化学入門書の中で印象的な一群の反応に，S_N1反応とS_N2反応があり，これらの反応，とくにS_N1反応は，水やプロトン性(極性)溶媒中で効率的に進行することが知られている．しかし，有機合成化学的により有用なS_N2反応は，その遷移状態がより中性に近く，原理的には水ほど高い極性の溶媒を必要としないうえに，求核試薬は水素結合により反応性が低下するため，プロトン性溶媒(protic solvent)を使わない方がよりよい結果につながる．したがって，無機塩(求核剤のアルカリ金属塩，たとえばNaCNなど)を溶解させる非プロトン性極性溶媒(aprotic polar solvent)中で反応が

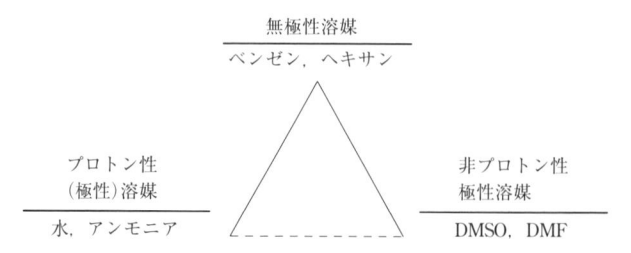

図 5.2　溶媒の分類(各グループをむすぶ直線は座標とみることも可能)

円滑に進行する.

これらの反応を行ううえで溶媒の把握が重要である．溶媒は，プロトン性溶媒と非プロトン性極性溶媒，そして無極性溶媒(nonpolar solvent)に分類される．プロトン性溶媒は，極性溶媒である．その対極としてプロトンを放出しない非プロトン性極性溶媒がある．これら極性溶媒のさらに対極として無極性溶媒がある．図5.2のようにまとめられる．

> **問題 5.2**
> フェノール，酢酸，オクタン，t-ブチルアルコール，1,1,1,3,3,3-ヘキサフルオロ-2-プロパノールを図5.2に分類して書き入れよ．誘電率εをもとに半定量的にプロットを試みよ．

5.1.2　カルボニル基の変換

カルボニル基は，その炭素の位置でアミンの孤立電子対の攻撃を受け，付加に続いて水の脱離を経て，結果として含窒素化合物となる．アルデヒドやケトンを結晶性誘導体にできることから，化合物の同定(結晶の融点を比較して判定)に用いられる(スキーム 5.1)．

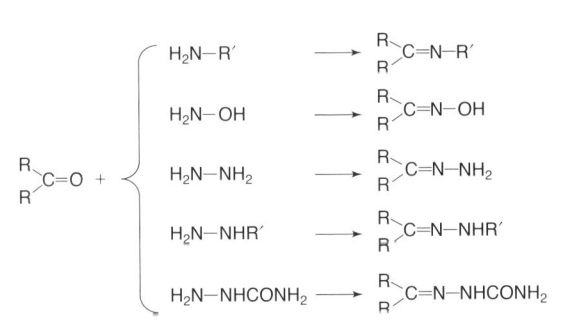

$$\begin{array}{c} R \\ R \end{array}\!\!C=O \; + \; \left\{ \begin{array}{l} H_2N-R' \\ H_2N-OH \\ H_2N-NH_2 \\ H_2N-NHR' \\ H_2N-NHCONH_2 \end{array} \right. \longrightarrow \begin{array}{l} \begin{array}{c} R \\ R \end{array}\!\!C=N-R' \\ \begin{array}{c} R \\ R \end{array}\!\!C=N-OH \\ \begin{array}{c} R \\ R \end{array}\!\!C=N-NH_2 \\ \begin{array}{c} R \\ R \end{array}\!\!C=N-NHR' \\ \begin{array}{c} R \\ R \end{array}\!\!C=N-NHCONH_2 \end{array}$$

スキーム 5.1　カルボニル基の含窒素誘導体への変換の例

5.1.3　カルボン酸およびその誘導体

カルボン酸およびその誘導体間の相互変換は，合成上重要な分野の一つである．それらの反応は，カルボキシル基の炭素上の電子欠損性に左右される．すなわちカルボキシル基の炭素上に電子求引基(EWG：electron-withdrawing group)が置換すると反

48   5 官能基変換・形成

図 5.3 カルボン酸およびその誘導体の反応性

応性が向上し，逆に電子供与基(EDG：electron-donating group)が置換すると反応性が低下する．その順序を図 5.3 に示す．

この反応性を反映して，酸塩化物と酸無水物の反応性がもっとも高く，逆にカルボキシレートアニオンやアミドは反応性が乏しい．

これら相互の変換の例をスキーム 5.2 に示している．左右の位置に配置した酸無水

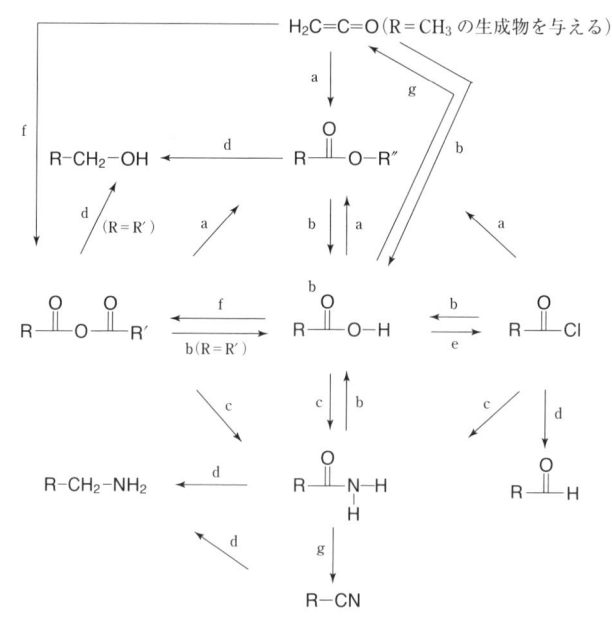

スキーム 5.2 カルボン酸およびその誘導体の合成

a：アルコール(esterification または alcoholysis)．b：加水分解．c：アミン(amination または aminolysis)．d：ヒドリド還元．e：塩化チオニル．f：カルボン酸．g：脱水反応．

物と酸塩化物はアルコールやアミンと容易に反応して，望みのエステルやアミドを与える．もちろんこれらの原料も生成物も加水分解によってカルボン酸へ戻る．

またヒドリド還元によって酸塩化物からはアルデヒドが，酸無水物やエステルからはアルコールが，そしてアミドからはアミンが得られる．もちろんその際に必要とされるヒドリド試薬は，上記の反応性に関連してそれらを選ぶ際には注意が必要である．たとえば酸塩化物からアルデヒドを合成する目的のためには，高い反応性の水素化アルミニウムリチウムは使えない．対応する第一級アルコールのみ得られるからである(5.3.2項参照)．上述の反応性からみて，貴重なカルボン酸あるいはアミノ酸，そして貴重なアルコールやアミンを原料とする多くの合成には酸塩化物や酸無水物を利用することが好ましい．しかし，いったん酸塩化物や酸無水物へ変換してから反応を進めるのでは，時間的にも労力的にも大変である(英語ではtediousと表現される)．そこで系中でカルボン酸を変換して，引き続いて付加・脱離反応が達成できるよい操作法が開発されている．スキーム5.3にMitsunobu反応などの例を示す(文献：Mitsunobu, Shiina, Neises and Steglich)．反応(1)〜(4)には，反応条件として必要な試薬や触媒が構造式で書かれているが，一般的にこれらは括弧内に示す略語

スキーム 5.3 カルボキシル基を活性化させる各種方法

(abbreviation)で記される．入門者には大変わかりにくくなっているが，合成スキームの簡略表記には欠かせない（6章参照）．参考のため一般的に使用される略語を巻末に示す．

5.1.4 芳香族求電子置換反応

ベンゼン誘導体の芳香族求電子置換反応は，図5.4のように電子供与基（EDG）と電子求引基（EWG）でその効率と選択性が左右される．さらにナフタレン以上の縮合多環芳香族では特定の位置の反応性が高いため，芳香族求電子置換反応のみを用いて，種々の位置異性体の合成に対応することはできない（図5.5）．

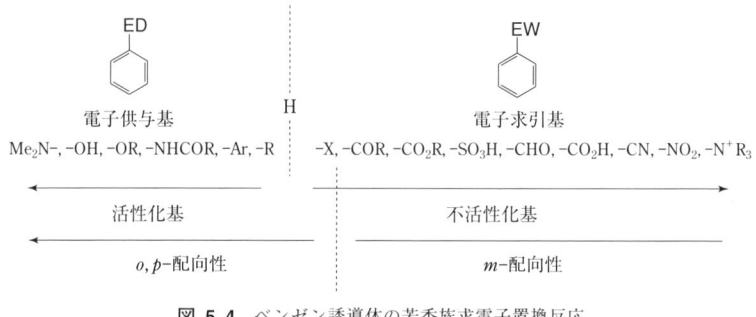

電子供与基
$Me_2N-, -OH, -OR, -NHCOR, -Ar, -R$

電子求引基
$-X, -COR, -CO_2R, -SO_3H, -CHO, -CO_2H, -CN, -NO_2, -N^+R_3$

活性化基　　　　　　　不活性化基
o, p-配向性　　　　　　m-配向性

図 5.4 ベンゼン誘導体の芳香族求電子置換反応

図 5.5 ヘテロおよび縮合多環芳香族の求電子置換反応で主生成物を与える位置

スキーム 5.4 Sandmeyer反応，Schiemann反応，ジアゾカップリング反応

芳香族環上の官能基変換として，Sandmeyer 反応と Schiemann 反応は重要である．これらの反応の原料であるアニリンおよびその誘導体は，ニトロベンゼンなどのニトロ化合物の還元によって合成される．したがってニトロベンゼンなどへの芳香族求電子置換反応を経由する場合，m-体が得られる．一方電子供与基をもつベンゼン（アニリン誘導体を含む）への芳香族求電子置換反応を経由する場合は，o-体やp-体が得られることになる．このようにして適切な原料を調製し，芳香族電子的反応と Sandmeyer 反応などを組み合わせることによって，各種芳香族化合物を合成できる（スキーム 5.4）．

> **問題 5.3**
> トルエンとチオフェンの塩化アセチル-塩化アルミニウム系による Friedel-Crafts アシル化反応により得られる生成物を記せ．
>
> **問題 5.4**
> スキーム 5.4 にあげた反応をそれぞれの人名反応に分類せよ．

5.2 酸化反応

多くの酸化剤が開発されており，基質に適した酸化剤の選択が可能である．図 5.6 に基本的な酸化剤を紹介する．

酸化クロムを用いる Jones 試薬と Collins 試薬が有名である．前者よりも後者の方がより穏和な条件下に使われ，反応の選択性も高いことが知られている．

O_2	HNO_3	SO_3	Cl_2	Ag_2O	MnO_2
O_3	$RO-NO$	$DMSO$	Br_2	HgO	MnO_4^-
$HO-OH$	PhN_2^+	SeO_2	I_2	$Hg(OAc)_2$	CrO_3
t-BuO-OH	H_2NCl		NBS	$Pb(OAc)_2$	CrO_2Cl_2
RCOO-OH	H_3N-OSO_3		t-BuOCl	$FeCl_3$	PCC
	R_3NO			$Fe(CN)_6^{3-}$	OsO_4
				IO_4^-	

$-2H$ による酸化　Pt, Pd, S, Se
置換キノン：DDQ など
$(t$-BuO$)_3$Al/R_2C=O

図 **5.6** 酸化剤の例

問題 5.5
図5.6にあげた酸化剤の中でJones試薬とよばれる酸化剤と反応条件を，その実例とともに記せ．

問題 5.6
図5.6中の試薬PCCの構造と反応例を記せ．

5.3 還元反応

本章のはじめに述べたように，現在の地球上では，酸化の方向へ反応は進みやすく，工業的には電気的還元，あるいはそれを経たアルカリ金属を用いる還元がその根源を支えている．塩化ビニルの問題ももとを正せば，金属ナトリウムや水酸化ナトリウムを社会が必要としているためである．

精密な有機化合物の還元には，パラジウムを中心とする貴金属表面での接触還元と水素化アルミニウムリチウムを代表とするヒドリド還元剤によるものがある．図5.7に還元剤を示す．

Pt	Pd	Ru	Ni	$C_{60}-h\nu$	
$LiAlH_4$	AlH_3	$NaBH_4$	BH_3	R_2BH	Ph_3SnH
Li	Na	K	Zn(Hg)	Mg	
NH_2NH_2	R_3P	SO_3^{2-}	$SnCl_2$	$FeCl_2$	$(Me_2CHO)_3Al$

図 5.7 還元剤の例（水素あるいは水（アルコール）との組合せの場合はそれらを省略している）

問題 5.7
Clemmensen還元試薬とその実例を記せ．

5.3.1 遷移金属接触水素添加反応

風船に入れた水素ガスの圧力下で行う場合以外は，圧力釜（オートクレーブ）が必要であり，実験室での実施が困難な場合もある．遷移金属としてはパラジウムや白金やルテニウムが用いられる．これらの金属の微粉末を活性炭やアルミナなどに担持させて用いる．反応は，金属表面に結合した水素に基質が接近して還元を受ける機構で進

むので，不飽和結合のπ電子雲の一方向からのみ反応(シス付加)して，高い立体選択性で生成物を与える．最近，光照射下にニトロベンゼンがフラーレンを触媒として水素添加されてアニリンを定量的に与えることも報告されている(文献：Li and Xu)．

5.3.2 各種ヒドリド還元剤

基本的なヒドリド試薬は，水素化ホウ素ナトリウムと水素化アルミニウムリチウムである．これらと種々のアルコールとの反応で修飾された試薬も，それぞれに特徴をもち，反応性を制御したい場合に使われる．そのおもな反応例をスキーム 5.5 に示す．

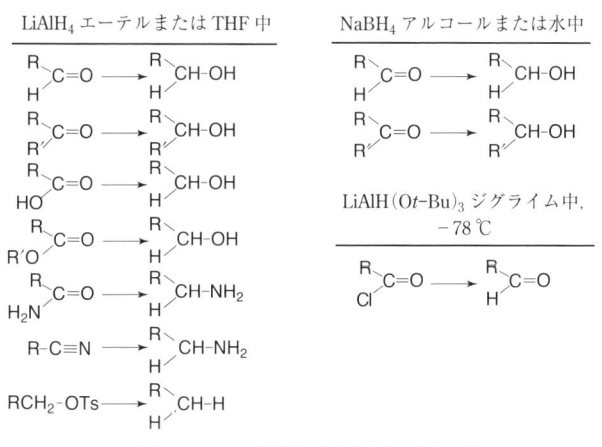

スキーム 5.5 各種ヒドリド還元反応の例

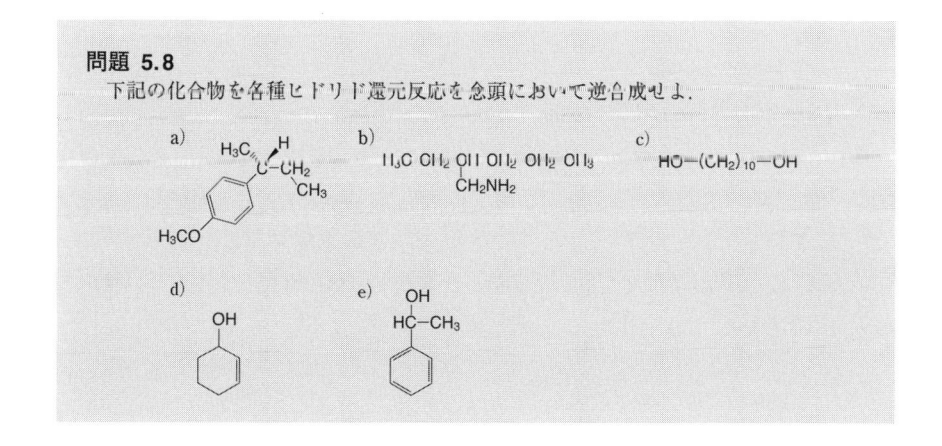

問題 5.8

下記の化合物を各種ヒドリド還元反応を念頭において逆合成せよ．

a) 4-メトキシ-α-メチルベンジル構造 (H$_3$CO-C$_6$H$_4$-CH(CH$_3$)-CH$_3$ 様)

b) H$_3$C-CH$_2$-OH-CH$_2$-OH-CH$_2$-OH-CH$_2$-OH-CH$_3$ / CH$_2$NH$_2$

c) HO-(CH$_2$)$_{10}$-OH

d) シクロヘキセノール (OH)

e) 1-フェニルエタノール (OH, HC-CH$_3$, フェニル)

5.4 炭素–炭素二重結合の変換

炭素–炭素二重結合への付加による官能基の付与も重要である．その際位置選択性が重要な要素であり，Markovnikov 付加と逆 Markovnikov 付加に区別される．また酸化的に開裂することにより，アルコール，ケトン，アルデヒド，カルボン酸へと変換が可能である（スキーム 5.6）．

スキーム 5.6　炭素–炭素二重結合への水和反応によるアルコールなどの合成

5.4.1　炭素–炭素二重結合の水和

プロトンの付加と生じたカルボカチオンの水による捕捉によって Markovnikov 付加型のアルコールが得られる．穏和な条件下水和する方法として，酢酸水銀と反応させ，これを水素化ホウ素ナトリウムで還元するオキシ水銀化-脱水銀化がある．

逆 Markovnikov 付加型アルコールが得られるヒドロホウ素化も効率の高い反応としてよく使われる．

問題 5.9
以下の化合物について水和反応を念頭において逆合成せよ。

a) 4-メトキシフェニル-CH(OH)-CH$_3$ 構造 (H$_3$CO-C$_6$H$_4$-C(OH)(CH$_3$)(CH$_2$?))

a) H$_3$CO–C$_6$H$_4$–CH(OH)–CH$_2$CH$_3$ 型
b) H$_3$C–CH$_2$–CO–CH$_2$–CH$_2$–CH$_3$
c) HO–(CH$_2$)$_{10}$–OH
d) シクロヘキシル–CH$_2$OH
e) H$_3$C–C(OH)(C$_6$H$_5$)–CH$_3$

5.4.2 炭素–炭素二重結合への HX の付加反応

第二級ハロゲン化物の合成には，炭素–炭素二重結合への HX の付加が用いられる．もちろん位置選択性は Markovnikov 則に従う．三重結合への付加で *gem*-ジハロ化合物が得られる．

問題 5.10
プロペンへのオキシ水銀化–脱水銀化とヒドロホウ素化と HI の付加によるそれぞれの生成物を与えよ．

5.4.3 オゾン分解と酸化的開裂反応

オゾンは炭素–炭素二重結合に付加してオゾニドを生成し，次いで酸化的処理（多くの場合，加水分解で処理可能）するか，還元的処理をするかによって，カルボン酸やケトン，あるいはアルデヒドを調製できる．その概略をスキーム 5.7 に示す．

スキーム 5.7 オゾン分解とその後処理

四酸化オスミウムの付加によって *vic*-ジオールが合成できる．さらにこの生じたジ

56   5 官能基変換・形成

オールを酸化することによって結合を開裂して，カルボニル化合物2分子を合成できる．

問題 5.11
シクロヘキセンにオゾンを反応させ，酸化的ならびに還元的に後処理した場合に得られる生成物をそれぞれ答えよ．また OsO_4 を反応させ，生成するジオールを，その立体化学を明らかにして記せ．

問題 5.12
アニリンのニトロ化反応を行う際，ニトロ化剤を酢酸溶媒中で用いる場合と硫酸中で用いる場合とでは，異なる生成物が得られる．理由とともに，それぞれの生成物を記せ．

● 課 題 ●

- **5-01** 化合物（基質）を溶解させるためにも溶媒は使用される．一般的には「似たものが似たものを溶かす」と表現されるが，基質と溶媒との間の類似点とはどのような点か，調査せよ（参考書：Reichardt）．
- **5-02** Mitsunobu 反応について調査せよ．
- **5-03** Noyori 不斉水素化反応について，その詳細と応用例を調査せよ．
- **5-04** E. Ochiai らのピリジンオキシドに対する求電子置換反応について調査せよ．
- **5-05** R. Criegee によるオゾン分解の研究ついて調査せよ．
- **5-06** 有機合成の操作上の「ほめ言葉」（たとえば，mild, one-pot など）を調査せよ．

CHAPTER 6

天　然　物

> 合成には予測不能な障害があり，これを経験とアイデアとトライアンドエラーで乗り越えていく必要がある．成功の暁にはロマンと醍醐味を感じる．

　医薬品の製造と関係深い天然物の合成を本章で，さらに現代社会を支える有機機能物質関連の合成を次章にそれぞれ分けて概観する．それらの典型的な例を各章にあげている．それぞれについて1種類のもっとも妥当な逆合成しか与えていないが，もちろん多様な解析が可能である．与えられた解析について唯一無二のものと判断しないことが，将来のために重要である．

　比較的単純な天然物から，構造的に知的な刺激の大きい天然物や最近になって初めてその全合成で構造が同定された天然物，そして多くの有機化学者をして時代の変化を実感させた歴史的な天然物合成を取り上げる．

6.1　エピアンドロステロン

　男性ホルモンに関連する化合物エピアンドロステロン（epiandrosterone）**1**（参考書：Hendrickson et al.）の合成を検討する．ステロイド（steroid）の中で比較的単純な構造をもつ化合物である．接頭語「エピ（エピマーを意味する）」とは，基本構造と不斉が一点で異なることを意味している．ヒドロキシ基の位置どうしをアンドロステロンの

58   6 天然物

図 6.1 エピアンドロステロン 1

構造で比較すると明らかになる.

　何に着目して逆合成すればよいのか. ステロイドの特徴的な環構造の構築が重要で, 一番近い環状化合物としてはフェナントレン誘導体が考えられるが, 入手しやすいことに着目すると, 原料としてナフタレン誘導体まで逆合成することになる. Robinson 環化反応でフェナントレン関連誘導体BCD環状システムまで構築する方針にすると, A環の構築も Robinson 環化反応にすることで逆合成の方針が固まる. 6員環を5員環に縮小するのは脱炭酸を含む Dieckmann 環化反応(炭素が1個減少)が視野に入る(スキーム 6.1).

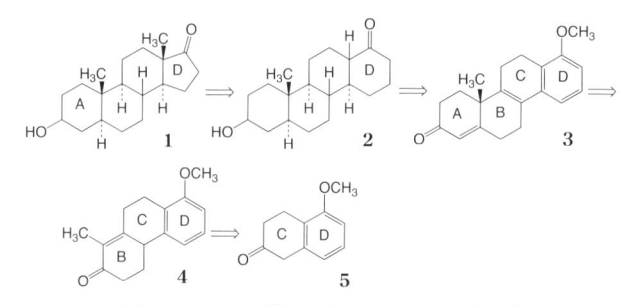

スキーム 6.1　エピアンドロステロン 1 の逆合成

　実際の合成には, 原料の CD 環部分に B 環と A 環を融着するため Robinson 環化反応が使われた. 続いて, D 環の環縮小に Dieckmann 環化反応, そして必要な第四級メチル基の導入で合成を完成させている. 詳細な合成ルートは, スキーム 6.2 のとおりである.

　D 環の環縮小のための官能基変換で, 中間体 3 から 6 への反応には Birch 還元反応が用いられている. 6員環を開環し, 再度5員環へ再環化するためには Dieckmann 環化反応が用いられ, 引き続く脱炭酸で目的を果たしている. その前段階としてフルフラールを D 環のシクロヘキサン環へアルドール縮合している. メチル基を位置選択的に導入するためである. これをオゾン分解して酸化的処理の後, 生じたジカルボン酸をジアゾメタンでエステル化している. スキーム 6.2 では, 簡略のため矢印の上

スキーム 6.2 エピアンドロステロン **1** の合成

に 1), 2) として二つの操作がまとめて記されている．慣れるまで，それぞれを分離して生成物を書き加えることを勧める．

ステロイドにおける環構造の形成は重要である．たとえば o-キノジメタン（ジエン）とジエノフィルとの Diels-Alder 反応を用いる方法が，A 環に BCD 環の融着法として利用されている（文献：Funk and Vollhardt）．

6.2 (−)-アクツミン

T-細胞に対する毒性があり，かつ抗健忘作用をもつアクツミン（acutumine）**10**（文献：Li et al.）の全合成を解説する．

この天然物はプロペラン構造とスピロ環状構造とネオペンチル型第二級塩化物，そして隣接する三つの第四級炭素（その内 2 個にはすべて炭素が置換）をもつ点からも注目を浴びている．この化合物の逆合成をスキーム 6.3 に示す．ヘテロ環で切断され，その結果生じた枝部分が[3.3]シグマトロピー（oxy-Cope 転位反応）で導入され，さらにスピロ中間体の形成には，ラジカル反応が計画されている．光学活性な中間体 **16**

スキーム 6.3 アクツミン 10 の逆合成

を調製できれば，エナンチオ選択的合成計画となる点に注意が必要である．

原料のアミド 19 とヨウ化ビニル 23 の合成からみる．それぞれの合成段階の説明は省くが，1 段ずつどのような反応（たとえば Wittig 反応）が使われているか，ていねいにみていくことを勧める．中間体 16 は，アミド 19 とヨウ化ビニル 23 から調製した Grignard 試薬との骨格合成反応（反応条件に注目：4 章参照）とその後の官能基変換を経て合成された（スキーム 6.4 と 6.5）．ラジカル-クロスオーバー反応による閉環が，スピロ中間体 15 の合成の鍵となっている（スキーム 6.5 の最終ステップ）．

上述したようにこの合成で必須のキラル炭素を導入しなければならない．これは，ケトン 24 の還元に (R)-CBS(Corey-Bakshi-Shibata)触媒（文献：Corey et al.）を使うことによって達成され，必要なジアステレオマー 25 を得ている．さらに 14 から 13

スキーム 6.4 アミド 19 とヨウ化ビニル 23 の合成

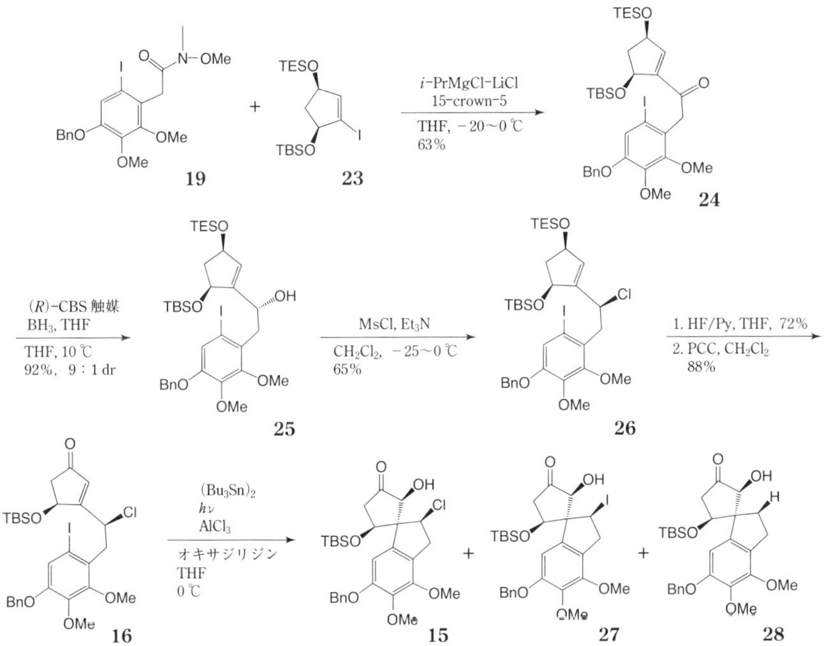

スキーム 6.5 スピロ中間体 **15** の合成

へのアリル付加もジアステレオ選択的に行う必要がある（スキーム 6.6）．

この目的には中村らの開発したアリル亜鉛試薬 **33** が使われ，高いジアステレオ選択性で標的化合物 **13** を得ている（文献：Nakamura et al.）．その遷移状態を図 6.2 に示す．立体的な混み合いが適切にはたらいて高いジアステレオ選択性が達成される．

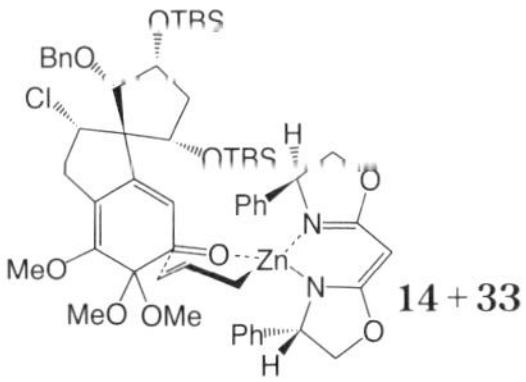

図 6.2 アリル亜鉛試薬 **33** の反応模式図

問題 6.1
アクツミン **10** には(−)の表示があるが，どのような意味か答えよ．

スキーム 6.6 (−)-アクツミン 10 の合成

問題 6.2
スピロ炭素とはどのような炭素か定義せよ．

6.3 ミクロコッシン P1

リボソームに強固に結合して,細菌やマラリアパラサイトに抗菌活性を示すチオペプチド系抗生物質ミクロコッシン P1（micrococcin P1）**38** の構造は,図 6.3 に示すように比較的単純な分子にみえるが,50 年以上構造の細部が不明であった.2009 年に初めて合成により同定された.以下にこの化合物 **38**（文献：Lefranc and Ciufolini）の全合成を紹介する.

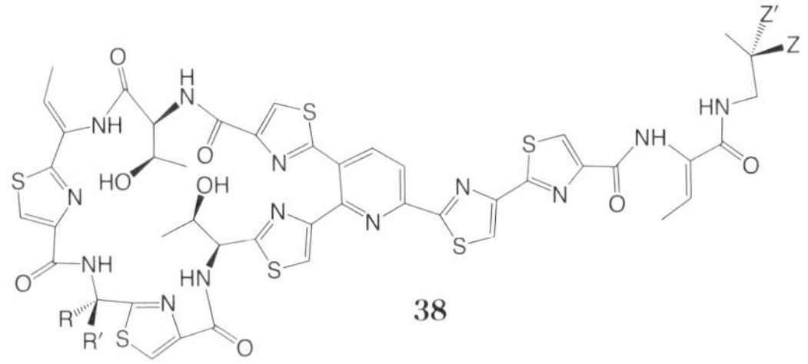

図 6.3 ミクロコッシン P1 **38** の構造（R = *i*-Pr, R′ = H, Z = OH, Z′ = H）

スキーム 6.7 に逆合成スキームを示す.標的化合物の結合の開裂点をカルボン酸誘導体部分とするのが,正統な戦略（炭素-ヘテロ原子間結合の形成は一般に容易）である.また環状化合物の逆合成では,一般的にいって最初に手をつけるのは,環状部分の開環で,これもカルボン酸誘導体の部分で切断（(a)と(b)）されている.収束的合成を目指して,二つの大きな部分 **A** と **B** に分解しているのも妥当な戦略である.

さらにフラグメント **B** は,ピリジン環で切断されている点は注目に値する.これによって収束的合成が約束される.保護基（protecting group）を使用する位置が Pg で示されている.合成の説明をみる前に,指定してある位置になぜ保護基が必要なのか,またどのような種類の保護基（導入法と除去法に関して,ほかの基の反応に影響がないかどうかに着目）を使用するのが適当か予想することも,このような全合成の論文を読む際には必要である.さらにアミノ酸ユニットは L-アミノ酸の誘導体である点にも注意.どの反応においてもラセミ化が起こらないことが必須で,細心の注意（HOBt の使用）がはらわれる.

フラグメント **C** と **D**（対応する化合物 **39** と **41**）からフラグメント **F**, **H**, **I**（対応する化合物 **40**, **42**, **43**）が調製された.その方法をスキーム 6.8 に示す.アミド形成

スキーム 6.7 ミクロコッシン P1 38 の逆合成(フラグメント C から I に分解)

スキーム 6.8 化合物 40, 42, 43 の合成

a:DCC, (R)-イソアラニノール(isoalaninol), CH$_2$Cl$_2$, RT, 一昼夜. b:Ac$_2$O, DMAP, ピリジン, 2 h, 3 段階で 85% (a〜b). c:ジオキサン中 4 mol L^{-1} HCl, 20 min, その後 H$_2$O を加え, 15 min, 100%. d:2-(リチオメチル)-4-(t-ブチルジメチルシロキシ)メチルチアゾール(2-(lithiomethyl)-4-(t-butyldimethylsilyloxy)methylthiazole), THF, −78 ℃, 81%. e:Boc$_2$O, Et$_3$N, DMAP, 99%(粗収率). f:LiOH, 50% aq. THF, その後 NaH$_2$PO$_4$ 水溶液で pH 3 とする, 95%(粗収率).

6.3 ミクロコッシン P1   65

にDCC や DAMP が,エステル合成には DAMP が使われて目的を達している.

フラグメント **B**(化合物 **53**)の合成ルートがこの合成のハイライトである.最初にこれをスキーム 6.9 に示す.フラグメント **H**(化合物 **42**)と **G**(化合物 **44**)から Michael 反応によって 1,5-ジケトン単位を調製して,この環化脱水,引き続く酸化(脱水素)でピリジン環が構築(Hantsch-type pyridine construction)されている.この Michael 反応には工夫が必要であった.触媒量の炭酸リチウム粉末を酢酸エチル中に懸濁したものを塩基として用いて,成功に導いている.このように合成には予測不能な障害があり,これを経験とアイデアと,そしてトライアンドエラーで乗り越えていく必要がある.成功の暁にはロマンと醍醐味を感じることもしばしばである.

スキーム **6.9** 化合物 **53** の合成

a:**42**, cat. Li$_2$CO$_3$, EtOAc, 92%. b:NH$_4$OAc, EtOH その後 DDQ, トルエン, 97%. c:LiOH, H$_2$O, THF. d:Boc$_2$O, Et$_3$N, DMAP, CH$_2$Cl$_2$. e:**40**, BOP-Cl, Et$_3$N, CH$_3$CN, 3 段階で 77%(c〜e). f:MsCl, Et$_3$N, その後 DBU, CH$_2$Cl$_2$. g:TBAF, THF. h:Dess-Martin ペルヨージナート(periodinate), NaHCO$_3$, CH$_2$Cl$_2$, 3 段階で 88%(f〜h). i:NaClO$_2$, 2-メチル-2-ブテン, NaH$_2$PO$_4$, THF, H$_2$O, 84%.

フラグメント A (化合物 59) の合成ルートをスキーム 6.10 に示す．化合物 54 (フラグメント E) とカルボン酸 43 (フラグメント I) との反応でペプチド 55 に導き，脱保護した後，カルボン酸 39 と反応させて化合物 57 とする．57 から E2 反応でオレフィン 58 に導き，最後にオキサゾリン (oxazoline) として保護していたエタノールアミン残基を復活させ，59 とする．

スキーム 6.10 化合物 59 の合成

a：43, HOBt, DCC, CH$_2$Cl$_2$, 84%．b：ジオキサン中 4 mol L^{-1} HCl, 100%．c：39, DCC, CH$_2$Cl$_2$, 81%．d：MsCl, Et$_3$N, CH$_2$Cl$_2$, その後 DBU, 93%．e：ジオキサン中 4 mol L^{-1} HCl, その後 H$_2$O, THF, 100%．

アミド化剤 BOP-Cl によるフラグメント A (化合物 59) とフラグメント B (化合物 53) の結合で非環状アミド体 60 へ導く．さらに末端のエステル保護基を外し，あらわになったカルボキシル基とアミノ基の間で DPPA を用いてアミド結合を形成して全合成が完結する．環化後の操作に，脱保護などがないことに注目 (スキーム 6.11)．一つの理想的な全合成となっている．

問題 6.3

DPPA を用いて脱水し，アミド結合やペプチド結合を形成する機構を記せ．

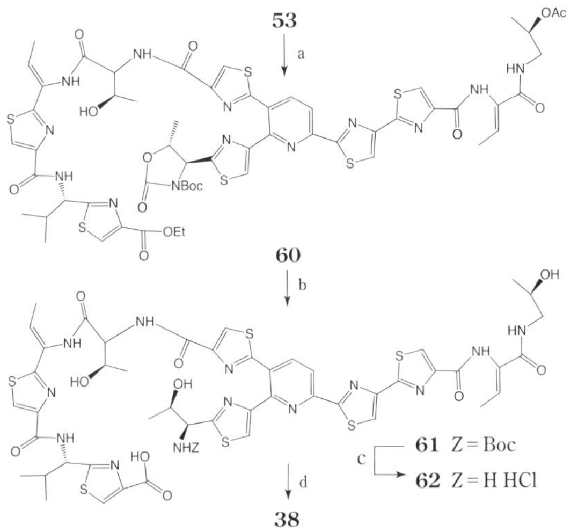

スキーム 6.11 ミクロコッシン P1 **38** の全合成

a：BOP-Cl, Et₃N, **59**, MeCN, 73%. b：LiOH, THF/ H₂O(1：1). c：ジオキサン中 4 mol L⁻¹ HCl. d：DPPA, Et₃N, DMF, 24 h, 3段階で41%(b～d).

6.4 ビタミン B₁₂

1章で述べたように，20世紀を代表する人類の大事業の一つと数えられ，その後の多くの困難な合成の第一歩となった研究が，ここに示すビタミン B₁₂ **61**(図 6.4；文献：

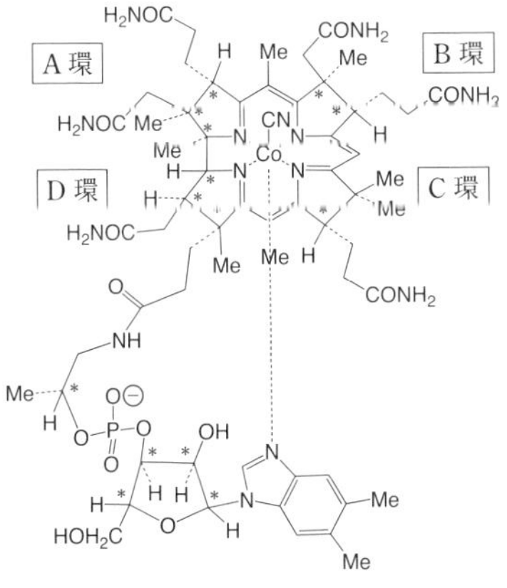

図 6.4 ビタミン B₁₂

68   6 天然物

Woodward, Eschenmoser and Wintner)の全合成である．Woodward と Eschenmoser との共同研究で，1972 年に成し遂げられた．もちろん，細部まで詳細に論じなければ，その全容が理解されないところであるが，この入門書では逆合成の概要を述べるに留める．さらに理解を深めたい人には詳しい解説があるので熟読を勧める（文献：野平，小幡）．

　コビル酸(cobyric acid) **62** からビタミン B_{12} **61** の合成ルートがすでに確立されていたので，全合成はコビル酸の全合成が完成した時点で達成されたことになる．コビル酸の構造が精査され，コリン核を形成する四つの環の縮合で合成することが計画された．それぞれの環には 1 から 3 個のキラル炭素が存在し，これらを立体化学的に満た

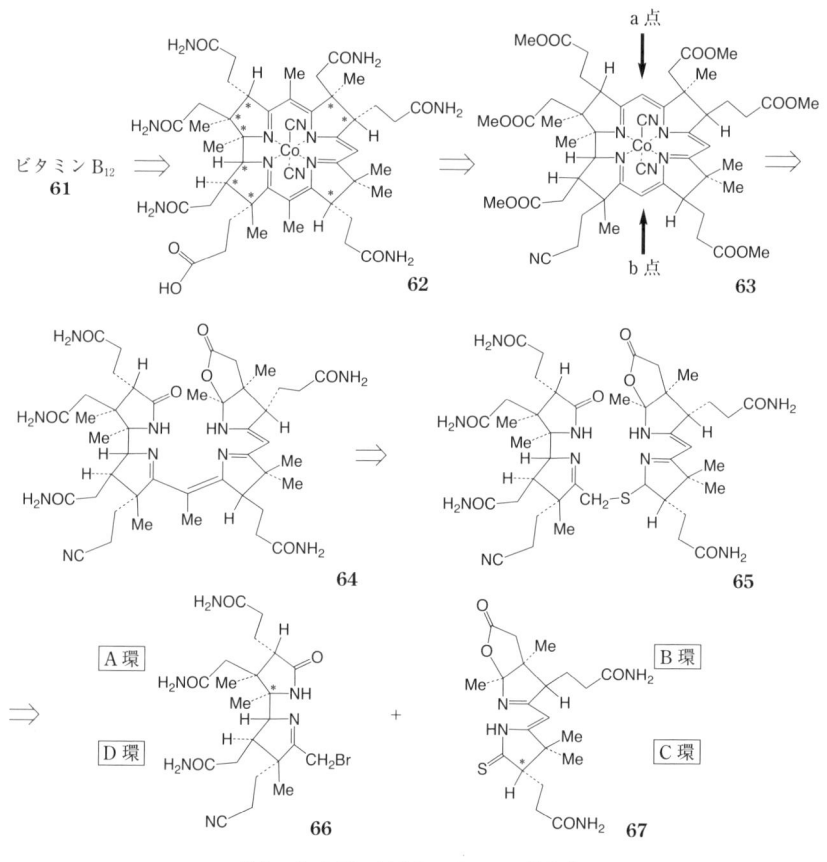

スキーム **6.12**　ビタミン B_{12} **61** の逆合成

した合成が必要であった．不斉炭素源としては入手容易な(−)-カンファー(camphor, 樟脳)と(+)-カンファーキノン(camphorquinone)が選択された．これらから導入された不斉炭素の位置を化合物 66 と 67 に星印＊で示している(スキーム 6.12)．63 から 65 の不斉炭素は示していないが，各段階でジアステレオマーとなった立体異性体混合物から分離を経て，次の段階へ合成が進められた．

コビル酸 62 の最初の逆合成ステップは，2 個ずつの環に分割することであった．同じ種類の結合点(a 点と b 点)での分割が選ばれ，A-D と B-C に分けられた．この D 環と C 環の結合には，強力な求核剤チオアルコキシアニオンによる臭化アリル残基への置換反応が用いられた．引き続く脱硫反応によりメチンに変えて，D-C 環結合へ導いている．A-B 環の接合には，イミノエステル-エナミン縮合法がチオエステルに変換した系で使用された．

「軌道対称性保存則(Woodward-Hoffmann 則)」(参考書：Woodward and Hoffmann)で機構が明らかにされた周辺電子環状反応の一つである電子環化反応も原料合成の段階で，あるいは Eschenmoser の合成では最終的なコリン核形成で用いられた．もちろん，この理論の構築は，本全合成が及ぼした大きな波及効果の一つである．そのほか，この全合成には，その当時の最新の分離精製機器がいち早く使用され，研究の推進に大きく寄与した．20 世紀の偉大な研究として，すべての要件を満たしたものといえる．

21 世紀の有機合成には，「大量に誰でも合成できる」ことが重要な要素といわれている(1 章の文献：山本と門田)．このためにはまだまだ周辺機器や技術など，乗り越えなければならない障壁は高く，若い研究者の活躍の場は無限といえる．

● 課 題 ●

6-01 エピアンドロステロン 1 が有するすべての不斉炭素に＊印をつけ，その不斉炭素の絶対配置が R か S かを答えよ．

6-02 ステロイドはどのような構造的特徴をもつか調査せよ．

6-03 ミクロコッシン P1 38 の合成で保護基として使われたものをまとめよ．

6-04 o-キノジメタンをジエンとし，ジエノフィルとの間の Diels-Alder 反応を用いたステロイド合成を調査せよ．

6-05 安息香酸とアニソールのそれぞれについて Birch 還元反応を施した場合に生じる生成

物とその機構を調査せよ．

6-06 天然物のある一群は，テルペン類(terpene)と分類される．この一群の化合物は，さらに分子の有する炭素数で細分されている．どのような分類か調査せよ．

6-07 ビタミン B_{12} **61** の合成には不斉炭素源として入手容易な(−)-カンファー(camphor, 樟脳)と(+)-カンファーキノン(camphorquinone)が選択された．これらをどのように変換して，化合物 **66** と **67** を調製しているかについて調査せよ．

6-08 21世紀の有機合成には，「大量に誰でも合成できる」ことが重要な要素である一方で，そのような有機合成を実践する際には，世界の化学界から研究者に求められる姿勢がある．グリーンケミストリーとよばれるこの研究姿勢の骨子を整理せよ．また，実践することの難易についても考察せよ．

CHAPTER 7

有機機能物質

> 直鎖アルコキシ基が酸性系中の副反応で分岐を生じてはいけないので，メトキシ基で合成を始めている点に注目．液晶としての最終目的に忠実な合成になっている．

　1章で述べたように，環境的な問題を軽減し，資源のない国のものづくりに貢献することにもつながる意味で有機機能物質の研究は重要で，現在鋭意推進されている．物理的性質，とくに電気的性質や光学的性質や磁気的性質はいうに及ばず，超分子化学の分野で必要とされる化学的性質(配位能と水素結合形成能)をはじめとして，エネルギー貯蔵や高性能爆薬などの研究も大いに進められている．本章では，4種類の合成，特異な芳香族(corannulene など)とヘテロ芳香族・チオフェン(thiophene)とポルフィリン(porphyrin)とフタロシアニン(phthalocyanine)の合成を取り上げる(参考書：檜山)．

7.1　特徴的な芳香族化合物

7.1.1　ビフェニル基をもつ液晶化合物

　FPD などの表示材料として液晶が大活躍している．原理として光の波動性を利用している．この分野の初歩として液晶の分類についての知識が重要である．液晶となる原因による分類として，サーモトロピック液晶(thermotropic liquid crystal，温度

条件による)とリオトロピック液晶(liotropic liquid crystal, 溶媒に溶ける条件による)の2種類が，また実用的に重要な配列による種類には，大きく分けてディスコチック(discotic, 円板状配列)とカラミチック(columitic, 棒状配列)の2種類がある．さらに後者は，ネマチック(nematic)液晶とスメクチック(smectic)液晶とコレステリック(cholesteric)液晶に細分される．

カラミチック液晶となる有機分子の構造には特徴がある．細長く(分岐や屈曲点をもたない)，分極構造(永久双極子や分極しやすい置換基)をもち，しかも製品として使用するうえで融点があまり高くない分子といえる．具体的には末端炭素鎖-剛直な単位(板状のベンゼン環など)-極性官能基の直線的な配列が基本となっている．

低粘度で高速応答が可能なフッ素官能基を極性基とする強誘電性液晶として開発されたキラルドーパント(chiral dopant, 母体液晶に10%程度添加(ドーピング)して性能を向上させる物質)**1**の合成を紹介する(文献：楠本ら)．

逆合成(スキーム7.1)は，キラル炭素の導入を含めて正統的である．3員環部分や

スキーム 7.1 キラルドーパントの逆合成

スキーム 7.2 キラルドーパントの合成

a：Sonogasira 反応；HC≡CCH$_2$OH, PdCl$_2$(PPh$_3$)$_2$, CuI, Et$_3$N．b：LiAlH$_4$．c：Ac$_2$O, ピリジン．d：ClCF$_2$COONa, Δ．e：KOH．f：KMnO$_4$．g：(S)-PhCH(OH)Me, DCC．h：i-Bu$_2$AlH．i：n-C$_6$H$_{13}$I, NaH.

エーテル結合の開裂から始める．求電子的なカルベンの付加後カルボン酸とし，その trans-体を単離して，両方の光学活性体が必要なことからエステルの段階で光学分割して，一方のエナンチオマーとした後エーテルとする．

実際の合成も上記逆合成スキームに沿ったものである(スキーム 7.2)．trans-シクロプロパンカルボン酸のエナンチオマーの光学分割は，キラルアルコールのエステルとした後，生じたジアステレオマーを分離して行われた．

> **問題 7.1**
> 　上記シクロプロパン **1**($R = C_6H_{13}$)とその関連化合物について答えよ．a) cis-体の構造を書け．これは，キラルかどうか答えよ．b) trans-体の二つのエナンチオマーの構造を書き，キラル炭素に R, S の区別を記せ．c) キラル trans-シクロプロパンカルボン酸エステル **7** の立体異性体のすべての構造を書け．d) 上記エナンチオマーをカルボン酸 **6** のまま光学分割する方法を述べよ．

7.1.2 コランヌレン

ベンゼン環が縮環した多環芳香族化合物は石炭の乾留などで得られるが，ひずみのかかった芳香族の合成には，そのひずみを回避または緩和した合成法を取らなければならない．非平面ボール(bowl)型コランヌレン(corannulene) **8**(文献：Lawton and Barth, Svgula et al.)を例に，その合成を検討する．逆合成(スキーム 7.3)の方針は，ひずみの緩和である．最初の合成はこのデザインで成功している．より柔軟な(flexible)シクロヘキサン環でまず骨格を形成した後，脱水素(酸化)による芳香族化で調製された(スキーム 7.4)．

最近の合成は，反応性の高いカルベンの分子内反応を利用するものである．この方法への展開には，有機合成法の進展の典型的な一例をみることができる．すなわち，反応機構の明確な既存の反応を用意して，これらを論理的に組み立てて，標的化合物を構築するルートがまずは採用され，初期の目的を達成するが，その方法を繰り返す過程で，単純で好ましいルートが発見され，合成ルートが洗練されたものとなる図式である．このような進化(論理的合成→実践→超・論理的合成：逆合成の段階で論理的に詰めていた過程ではないとの意味)は，合成化学では一般的である．すなわち，もとを正せば実践の学問なのである．本物質の合成法の場合，古典的な方法で大量のコランヌレン **8** を調製するのは現実的ではない．そこで，より簡便な熱分解，すな

74   7 有機機能物質

スキーム 7.3 ひずみを避ける方針で選ばれたコランヌレン 8 の逆合成

スキーム 7.4 コランヌレン 8 の最初の合成例(概略)

スキーム 7.5 最近のカルベン分子内反応を念頭においた逆合成

スキーム 7.6 効率的な合成法

7.2 オリゴチオフェン　75

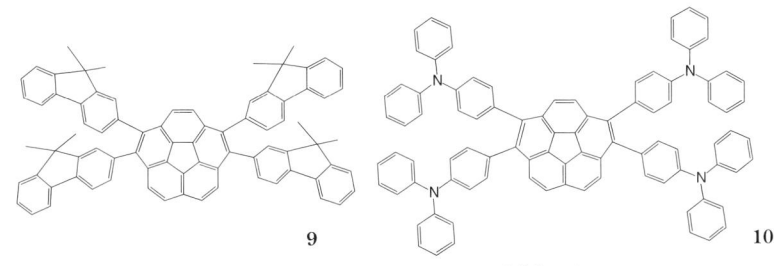

図 7.1 機能物質としてのコランヌレン誘導体 9 と 10

わち約 1000 ℃の FVP(flash vacuum pyrolysis)の方法が採用された．この熱分解に使用する原料を塩基性条件下で水中処理するとコランヌレン骨格が形成されることが見出された．現在はこれが本物質の骨格合成の主流となった．この骨格を使って種々の機能物質が合成された．例を図 7.1 に示す．

問題 7.2
図 7.1 のコランヌレン誘導体 9 と 10 を逆合成せよ．

7.2　オリゴチオフェン

7.2.1　オリゴチオフェンの合成

分子量に幅のあるポリチオフェンは Yamamoto 法 (文献：Yamamoto and Yamamoto, Yamamoto et al.) によって調製可能である．しかし，分子量が一定のオリゴチオフェン (oligothiophene) を合成して，それを使ってデバイスの性能を検定して，その機能を確定することも必要とされる．そのためには精密に合成をする必要がある．

チオフェンの反応点は前述のように 2 位である．この位置を使ったオリゴチオフェ

スキーム 7.7 オリゴチオフェンの合成法 (1)

11 (Oct-5T)
12a (Oct-10T, $n=2$, 25%)
12b (Oct-15T, $n=3$, 84%)
12c (Oct-20T, $n=4$, 21%)

1) LDA
2) $CuCl_2$

ン調製の方法として，以下の三つをあげることができる（文献：Otsubo et al.）．LDAでリチオ化し，銅塩でカップリングする方法（スキーム 7.7）や，エチニル基を導入し，この銅触媒によるカップリングでブタジイン単位を形成し，これを硫化ナトリウムでチオフェン環とする方法（スキーム 7.8）や，ニッケル触媒によるチオフェニル Grignard 試薬と 2-ブロモチオフェンとの Kumada-Tamao-Corriu カップリング反応（スキーム 7.9）である．オリゴチオフェンを可溶にするためには，3-位にアルキル基（オクチル基程度）を導入する必要がある．この際の留意点は，オリゴチオフェンの対称性を保ち，位置異性体（構成異性体）が混入する可能性を避けることである．

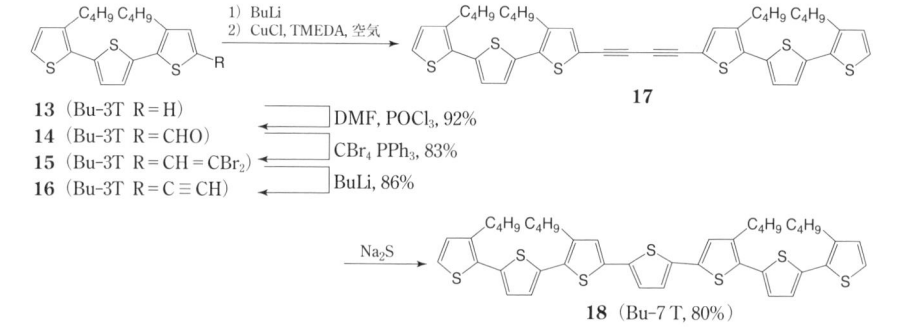

スキーム 7.8 オリゴチオフェンの合成法(2)

22（Oct-13T）を逆合成してみる．**19**（Oct-4T）を原料とすると，これに対応する Grignard 試薬と Kumada-Tamao-Corriu カップリング反応（スキーム 7.9）させて **21**（Oct-6T）とし，これをブタジインの両末端に入れて，最後にブタジイン残基からチオフェン環を形成するデザインとなる．オリゴマーは，対称的な構造になり，スペクトルを単純なものとする．このようにして合成されるオリゴチオフェンの同定には，最終的に分子量の測定が必要である．

スキーム 7.9 オリゴチオフェンの合成法(3)

7.2 オリゴチオフェン

問題 7.3
下記のオリゴマー Bu-15T を逆合成せよ．

Bu-15T

スキーム 7.10 **22**(Oct-13T)の逆合成

7.2.2 オリゴチオフェンを骨格とする液晶材料

　液晶化合物のもう一つの例として，電気伝導性液晶（文献；Yasuda et al.）を取り上げる．電気伝導性ユニットとして，オリゴチオフェンが選択され，標的分子として図 7.2 に示す 3 種類 **23〜25** が分子設計された（上述の液晶の設計指針（p.72）参照）．
　これらの標的化合物 **23** と **25** の合成法をスキーム 7.11 と 7.12 に示す．とくにケトン型 **25** の合成で直鎖アルコキシ基が Friedel-Crafts アシル化反応の酸性系中で異性化して分岐を生じてはいけないので，メトキシ基で合成をスタートしている点に注目．液晶としての最終目的に忠実な合成ルートになっている．

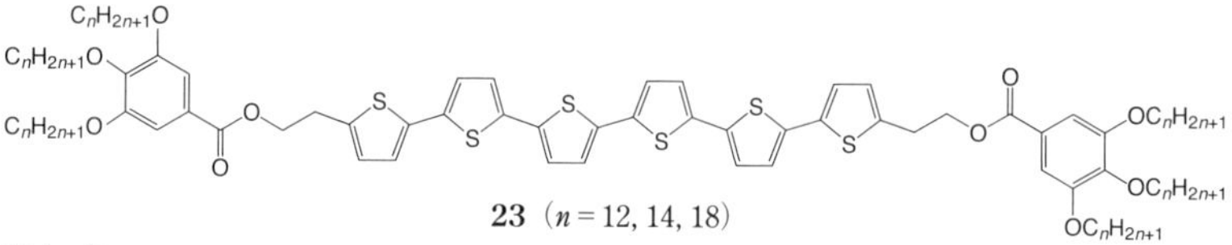

78　7　有機機能物質

23 ($n = 12, 14, 18$)

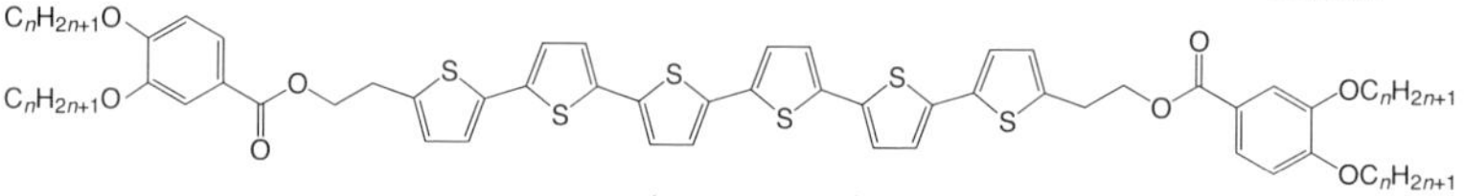

24 ($n = 12, 14, 18$)

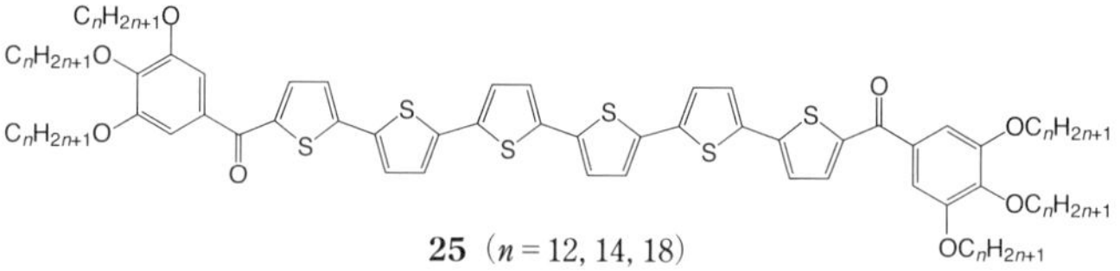

25 ($n = 12, 14, 18$)

図 7.2　電気伝導性液晶化合物 **23〜25**

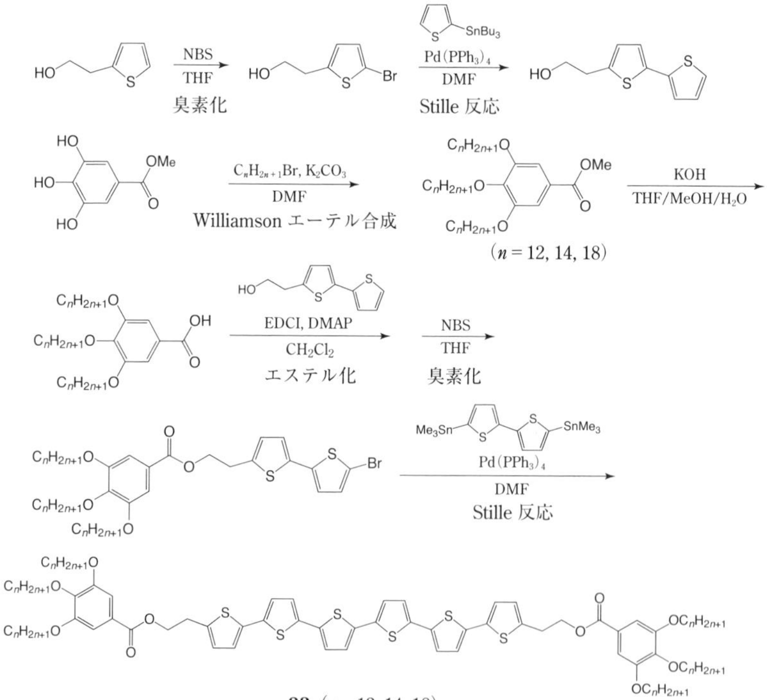

23 ($n = 12, 14, 18$)

スキーム 7.11　電気伝導性液晶化合物 **23** の合成

7.2 オリゴチオフェン

スキーム 7.12 電気伝導性液晶化合物 25 の合成

> **問題 7.4**
> π-電気伝導性部分としてオリゴフェニレンではなく，オリゴチオフェンが選ばれている理由を述べよ．
>
> **問題 7.5**
> 図7.2に記す化合物 24 を逆合成せよ．

余談になるが，直鎖のアルキル基の導入が必須の化学製品にアルキルベンゼンスルホン酸があり，1950年代には製法上の理由から分岐のあるものが出荷されて，洗剤として使用されていた．そして下水から河川へ放流されていた．この洗剤の微生物による分解が進まず，ライン下りの観光船の後ろには大きなシャボン玉の固まりがついてまわり，社会問題(合成洗剤のソフト化の必要性)となった．また，カルボカチオンの研究で著名な Olah は，FSO_3H-SbF_5 の混合物を magic acid と名づけた．これは，共同研究者の一人がクリスマスの時期にろうそくを削って，この超強酸とともにNMR管に入れて測定したところ，t-Bu カチオンが観測されたことに驚いてついた名

前である．強力な酸性条件下で n-アルキル基には反応性がない(inert)と考えるべきではない．合成後に，生成物に含まれるのが n-アルキル基のみか，それとも少しは分岐があるものも混入しているかについては，高度な分析機器を駆使しても明確な答えが得られない．目的に沿った合成ルートの立案にあたって，スキーム 7.12 に示すように細部にわたる詳細な検討が必要なことが理解できる．

ピロガロール残基とチオフェン環の間の回転運動をスムーズにするためケトン型 25 からエステル型 23 へと構造が最適化された．移動度の測定から，スメクチック液晶となるものの方が，ディスコチック液晶となるものよりもよい電気伝導性を示した．しかし，境界の効果のため抵抗が大きい結晶よりも両者ともによい物性を示し，液晶をこの目的に利用する価値が高いことが示された．

問題 7.6

X線結晶解析図からみて種々の物性に対して理想的な配列をしている結晶であっても，物性測定では予想に反して悪い結果を与えることが多い．その理由を考えよ．

7.2.3 光磁性スイッチング機能物質

ホトクロミック(photochromic，光子の吸収による構造変化)材料として要求される性質は，1) 記録と再生の波長が異なること，2) 長期の使用に耐えること(繰返し耐久性)，3) 熱反応で異性体に変化しないこと(熱安定性)，4) 高感度(高い量子収率と大きい吸光係数)，5) 非破壊読み出し機能，6) 半導体レーザー感受性などに優れていることが望まれている．これまでにホトクロミック機能を示す化合物群として，スピロベンゾピラン(spirobenzopyran)とフルギド(fulgid)とアゾベンゼン(azobenzene)とヘキサアリールビイミダゾール(hexaarylbiimidazole)，そしてジアリールエテン(diarylethene)が知られている(文献：入江，Irie)．フルギドとジアリールエテンを除いて，光異性化した化合物は放置すると熱反応で原料に戻る(低い熱安定性)ため，実用化には不向きと思われる．そのような中，ジアリールエテン関連物質が，実用化に向けて精力的に検討されている．ここでは，磁性の光スイッチング機能をもつ分子 26 の合成に触れる(文献：Matsuda and Irie)．

逆合成は，ニトロニルニトロキシド残基の不安定性を加味すると(すなわち合成の最終段階で導入)，スキーム 7.14 のように導ける．ここでも Suzuki-Miyaura 反応が

採用され，中心のトリフェニレン骨格が構築されている．この例からも汎用性の高い，比較的穏和な条件で首尾よく目的が果たせる有機反応の開発が重要であることがわかる．

スキーム 7.13 磁性の光スイッチング機能

問題 7.7
ジアリールエテン骨格の合成法を記せ．

スキーム 7.14 26(OO)体の逆合成

安定ラジカルとしてニトロニルニトロキシド残基をもつジアリールエテン誘導体のダイマーは，313 nm の紫外線照射で **26**(OO)体(open-open)から **26**(CO)体(closed-open)を経て，**26**(CC)体(closed-closed)へと変化する．十分に照射するとこれらの間の光定常状態に達する．それぞれを HPLC で単離して ESR スペクトルを測定すると，**26**(CC)体では両端に位置する不対電子間のスピン-スピン相互作用が大きいことが明らかになった．一方 **26**(CC)体に可視光 578 nm を照射すると **26**(CO)体を経ずに **26**(OO)体に変わった．このように分子内磁気的相互作用の光スイッチングがジアリールエテン骨格を使用することにより可能となった．この機能はオプトエレクトロニックデバイス(optoelectronic device)への応用が期待されている．

7.3 ポルフィリン

ヘモグロビンやシトクロムに含まれるヘム(heme)は，二価の鉄とポルフィリンの錯体で，生物の代謝に重要な役割を担っている．またポルフィリン誘導体は色素や触媒などの工業化成品として広く用いられている(文献：小野と和田)．

ポルフィリンは，ピロールと芳香族アルデヒドを酸性条件で縮合させる方法で合成される．この簡単な反応は，開発者の名をとって Rothenmund 合成とよぶ(スキーム 7.15)．その後改良を経て洗練され，現在もテトラフェニルポルフィリンのもっとも一般的な合成法となっている．アルデヒドの構造を変化させて，ピロール環の間に存在する炭素上(メソ位)へ，また原料としてピロール誘導体を用いればピロール環上へ多くの置換基が導入できる．しかし，この方法ではポリピロール(重合体)が副生するため，収率は一般にあまり高くないことが知られている．

金属錯体にする場合は，ポルフィリンを適当な金属塩とともに加熱するだけでよいが，金属の酸化数によってはまったく反応が進行しない場合もあり注意が必要である．また，系が酸性になるとピロールの窒素がプロトン化(四級化)されて，反応が進まな

スキーム 7.15 Rothenmund 合成

くなるので，若干の塩基を加える場合もある．

7.3.1 フラーレン用ホスト

フラーレン分子は，結晶中で高速回転しているのでX線結晶解析によって個々の炭素原子の位置を特定することができない．しかし，ポルフィリンと1：1の結晶を作製すると互いのπ電子雲間の相互作用でこの運動が止まり，フラーレンがI_h対称であることを示した(ただしX線によるフラーレン構造決定の最初の例ではない)．このようにフラーレンとポルフィリンの間で親和性が大きいことを利用したフラーレン用のホスト分子**27**が設計された．この合成について紹介する(図7.3；文献：Tashiro et al.)．

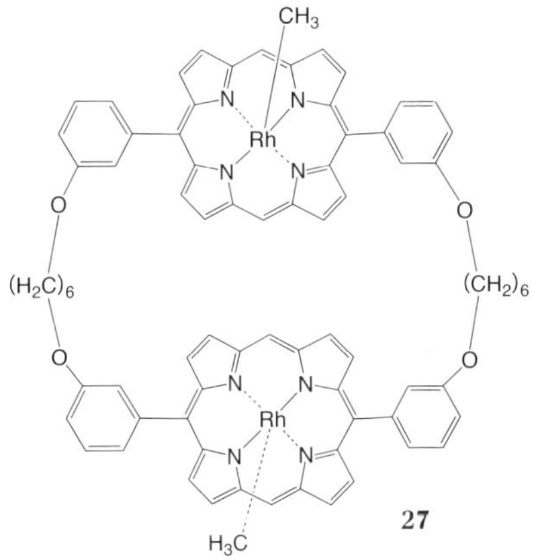

27

図 7.3 フラーレン用ホスト**27**

対応するフェノキシドと1,6-ジブロモヘキサンとのS_N2反応により望みの箱形フラーレン用ホスト・ジアリールポルフィリンダイマー**27**がデザインされる．ジアリールポルフィリンをさらに逆合成すると，**28**と*m*-メトキシベンズアルデヒドの縮合，さらに**28**はピロールとホルムアルデヒドと縮合して合成する．このようにして二つのメソ位に希望の置換基が導入できる(スキーム7.16)．

実際の合成の細部は上記の逆合成と異なるかもしれない．このように詳細が不明な既報の合成を実施する場合は，直接研究者に問い合わすことも往々にしてある．研究者間でサンプルの交換も時として行われる．まったく面識のない研究者どうしであっても協力を得られるが，知り合いで顔見知りの方がよいのはいうまでもない．そのためにも，学会(年会や討論会や国際会議)を通して，全世界的な交流の場に身をおき，活発に議論し，研究相談することが望まれる．

84   7 有機機能物質

スキーム 7.16 フラーレン用ホスト 27 の逆合成

合成されたホスト 27 を使ってフラーレンダイマー C_{120} の取込みが検討された. ^{1}H NMR 動的スペクトルによる検討で, フラーレンダイマーが, ホストの内部で位置を変える動き(Rh の真下の位置と外の位置との間の交換)が明らかになった. その速度は, トルエン中では速く, クロロベンゼン中では少し遅く, ジクロロベンゼン中でもっとも遅いことが見出された.

7.3.2 ポルフィリン連鎖体

ここでは, ポルフィリンをユニット構造とするポリマー(ポルフィリン連鎖体)の合成を扱う(文献：Cho et al.). メソ位で二つのポルフィリンが連結できる反応(亜鉛ポルフィリン単位を Z1 と表記)が鍵となる(スキーム 7.17). この反応も実践の中でセレンディピタスに見出されるものである. この反応(その時点では超・論理的過程)がなければ, 以後の進展は望めなかったといえる.

この反応を n 回繰り返せば, 2^n のポリマーが合成できる(スキーム 7.18). 7 回の繰返しで 128 量体となる. これらをしかるべき基板に配列し, ポルフィリン連鎖体の直交している系をリボン状の共役系に変換すれば, 有機電気伝導体としての応用が期待される物質である.

7.4 フタロシアニン   85

スキーム 7.17 ポルフィリン連鎖体 30 の合成（その 1）

スキーム 7.18 ポルフィリン連鎖体 31 の合成（その 2）

問題 7.8
スキーム 7.17 で単位となるポルフィリンの置換基に 3,5-ジ（オクトキシ）ベンゼン残基が使われている．この残基が選択されている理由を答えよ．

7.4 フタロシアニン

フタロシアニンは，四つのフタル酸イミドが窒素原子で架橋された構造をもつ環状化合物でポルフィリンと類似の構造をもっている．

フタロシアニンの中心部分では，遷移金属をはじめとしたさまざまな原子が錯形成し，安定な錯体を形成する．分子全体に広がったπ電子共役系のため平面構造を取り，

強い発色を示す．とくに錯体では青から緑色のものが多くみられる．耐光性(褪色が少なく)，耐久性に優れた顔料として使用される．とくに銅フタロシアニン系はフタロシアニンブルー，高塩素化銅フタロシアニン系はフタロシアニングリーンとよばれ，それぞれ青ないし緑の代表的な有機顔料として知られている．道路標識や新幹線の車体の青などはフタロシアニンの色で，CD-Rの記録媒体としても応用されている．

合成(スキーム 7.19)は比較的単純で，フタロニトリルを N,N-ジメチルアミノエタノール中，酢酸亜鉛とともに還流すると亜鉛フタロシアニンが得られる．同じ溶媒中金属塩を加えずに加熱するとフタロシアニンが得られる．フタロニトリル以外の原料として，フタル酸無水物やフタルイミド，ジイミノイソインドレニンを使う合成法も使われる．

スキーム 7.19　フタロシアニンの合成

ここでは，最終生成物が不溶性で，精製ができないナフタロシアニン(文献：Akiyama et al.)の合成を紹介する(スキーム 7.20)．合成戦略として，最終中間体が有機溶媒に可溶で，再結晶などで容易に精製でき，また標的化合物への変換が，光照射や加熱など，溶媒以外に試薬を使用する必要がない，したがって後処理の不要な方法論が取られる．実際には逆 Diels–Alder 反応を使ってナフタレン環を構築するルートが採用されている(スキーム 7.21)．このような方法によって基板上に前駆体をスピンコート(spin coating)などで塗布した後，加熱して均一なフタロシアニン類の膜が形成できる．

スキーム 7.20　ナフタロシアニン 32 の逆合成

7.4 フタロシアニン

スキーム 7.21 ナフタロシアニン 32 (Mg 錯体)の合成

問題 7.9
スキーム 7.21 の合成スキームの原料として使われている脂環式化合物を命名せよ.

問題 7.10
フタロシアニン誘導体 33 には，何種類の立体異性体が存在するか答えよ.

問題 7.11
上の問題の異性体数の数え方にならって，カリックス[4]アレーン 34 の配座異性体の数を答えよ.

● 課 題 ●

7-01 ネマチック液晶，スメクチック液晶，コレステリック液晶の配列の様子を図示せよ.

7-02 コランヌレンの合成(スキーム 7.4)で使用された芳香族化のための酸化剤を調査せよ (文献：Lawton and Barth).

7-03 合成されたホスト **27** によるフラーレンダイマー C_{120} の取込みの速度は,トルエン中では速く,クロロベンゼン中では少し遅く,ジクロロベンゼン中でもっとも遅いことの理由を調べよ(文献:Tashiro et al., C_{120} については Wang et al.).

7-04 無機系半導体に用いられるケイ素単体の精製方法と到達純度を調査せよ.同じ方法で不融・不溶の有機物を精製することが困難な理由を考えよ.

7-05 生成物 **32** は可溶な前駆体 **33** の熱分解で得られている.光反応を用いるとすれば,どのような気体放出反応が使用可能かについて調査せよ.

7-06 基板表面に有機化合物の薄膜を作製する技術について調査せよ.

7-07 ベンゼン,チオフェン,ピリジンの三つについて,諸性質(融点,沸点,酸化電位,pK_a 値,共鳴エネルギー,HOMO エネルギー,LUMO エネルギー,イオン化ポテンシャル,双極子モーメント,置換反応における特徴など)に関する比較表を作成せよ.

7-08 ホトクロミック機能を示す化合物群として,スピロベンゾピラン(spirobenzopyran)とフルギド(fulgid)とアゾベンゼン(azobenzene)とヘキサアリールビイミダゾール(hexaarylbiimidazole),そしてジアリールエテン(diarylethene)が知られている(文献:入江, Irie).それぞれの代表的な例を調査せよ.

7-09 FVP(flash vacuum pyrolysis)の方法について,その詳細を調査せよ.

CHAPTER 8

興味深い構造の有機化合物

> まずは行動を起こさないと，知識(心の準備の範ちゅうに含まれる)も追いつかず，またとないチャンスを失うことを教えている．

　天然物は，自然に安定に存在するものが大部分であり，熱力学的に安定なものが多い．したがって人智を尽くせば合成可能と予想して作業に取りかかれることが多いともいえる．一方，機能や構造に興味がある物質の合成においては，すべての面でできるだけ単純化され，可能な反応が選択されているとはいえ，机上で構造が設計され，そのひずみや電子的反発の大きさ，あるいは溶解度の問題を抱えたままで，合成に着手することもたびたびで，人智を尽くし，過酷なトライアンドエラーの末においても合成可能かどうか明確でないこともある．その意味では時としてリスクの多い合成となる．ひずみの回避や溶解性の向上などが，標的化合物を合成するうえでの主要な課題となる．以下に，電子的反発や芳香環の配置(面体面など)に特徴的なシクロファン(cyclophane)と内部に空間を有する球形が特徴のフラーレン(fullerene)関連物質について取り上げる．

8.1　シクロファン

　複数の芳香環を面体面に配置した化合物や一つの芳香環の離れた部位を短い架

表 8.1 [n.n]パラシクロファンとそのひずみエネルギー

[n.n]パラシクロファン	ひずみエネルギー /kJ mol^{-1}
[1.1] calcd[a]	536.3, 445.9, 391.9
[2.2] exptl[b]	100
[3.3] exptl[b]	50
[6.6] exptl[b]	−29

a) 文献：Tsuji. b) 文献：Cram and Cram, Shieh et al.

橋鎖で連結した特異な構造の一群の化合物をシクロファン(参考書：Keehn and Rosenfeld)とよぶ.

シクロファン，とくにパラシクロファンの歴史は1949年までさかのぼることができる．まだシクロファン化学(1951年 Cram が命名，その初報を発表)の分野が拓かれてないときに，パラキシレンの熱分解で[2.2]パラシクロファンが合成された(文献：Brown and Farthing)．現在，この化合物は市販されている．工業的には，材料基板上にピンホールのない膜を形成する目的に用いられる．標的とされたシクロファンの多くは高ひずみ化合物である．これまでに測定ないしは計算された2,3の[n.n]パラシクロファンのひずみエネルギーを表8.1に示す．炭素-炭素結合解離エネルギー(375 kJ mol^{-1})と比較すると興味深い．

この特異な構造に有機化学者は魅せられ，シクロファン化学として発展した．この分野の特徴的な例を図8.1に示す．

問題 8.1
Rh 錯体 7 のキラリティーについて立体化学の立場から特徴を述べよ．

問題 8.2
[2.2]パラシクロファンを積層した三層シクロファン(積層シクロファン 8 の同族体)の異性体を記し，それぞれの立体化学的関係を論じよ．

典型的な合成例として，単純な骨格の[4.4]パラシクロファンの合成を扱う．ひずみの大きい同族体の環拡大で逆合成した場合がスキーム8.1で，その合成法をスキーム8.3に示している(文献：Cram et al.)．この方法では，各段階で副成物を分離して，標的化合物を純粋にして反応を進めなければならない．哲学にせよ，化学にせよ，単純化(精製)が最重要事項で，有機合成においても物質の純度を最大限に上げて，こと

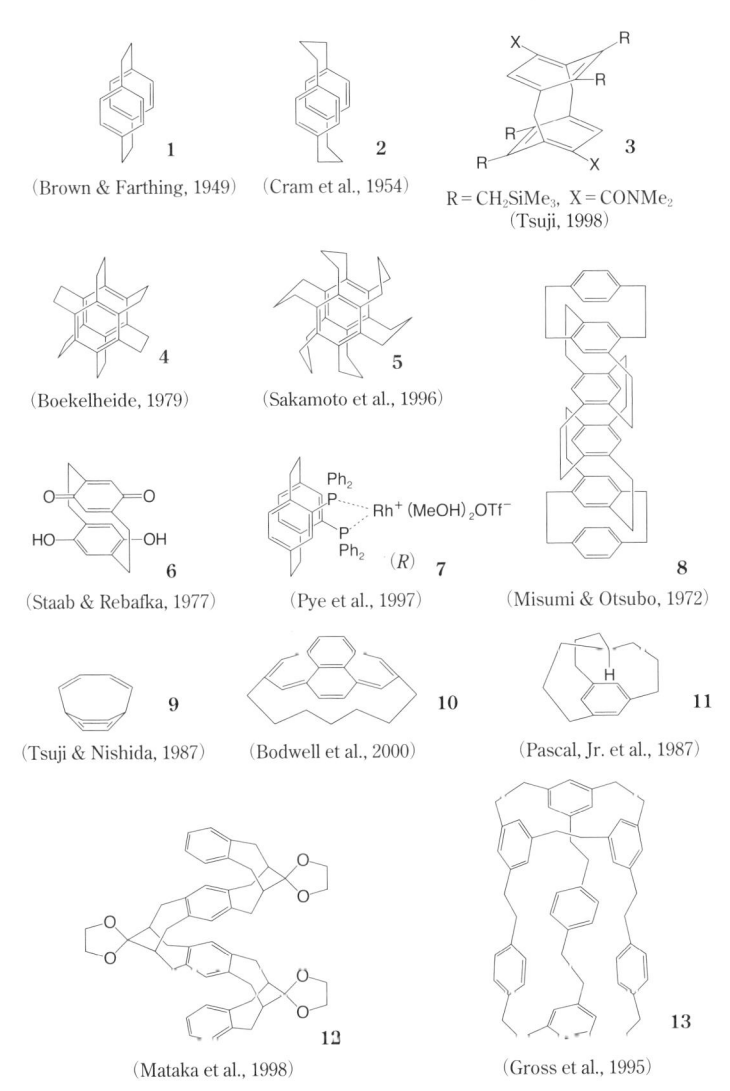

図 8.1 シクロファンの代表例(各文献参照,ただし年号は異なるものも含まれる)

を進める(次の反応を行う)のが常道で,成功への近道である.

ジフェニルシクロブタンの Birch 還元反応による環開裂を利用すると,より洗練された逆合成となる(スキーム 8.2).その環化の際の芳香環どうしの電子的反発は,光反応の遷移状態,すなわち励起状態では芳香環どうしは面体面で電子的に会合す

スキーム 8.1 環拡大を念頭においた[4.4]パラシクロファン 14 の逆合成

スキーム 8.2 光反応を念頭においた[4.4]パラシクロファン 14 の逆合成

スキーム 8.3 [4.4]パラシクロファン 14 の合成(1)

スキーム 8.4 [4.4]パラシクロファン 14 の合成(2)

るので，環化に有利にはたらき，よりよく目的を達成できる(スキーム 8.4；文献：Nishimura et al.)．

　光反応とそれに続く Birch 還元による[4.4]パラシクロファン 14 の合成スキームに関係して，強調されるところは，その原料合成である．この種の原料の一般式は，Ph-$(CH_2)_n$-Ph 21 で，その p-位のブロモ化ならびに Stille 反応(スキーム 4.5 参照)によるビニル化には問題はない．しかし，市販されていない原料 21 自身の合成には，

おのおのについて別個のスキームが描かれていた．$n=3$ のときにはベンズアルデヒドとアセトフェノンのアルドール縮合，白金接触水素添加，最後に Wolff-Kishner 還元反応のルートが取られ，$n=4$ のときにはシンナムアルデヒドと塩化ベンジルから調製したリンイリド間の Wittig 反応，続いて Pd/C 接触水素添加のルートが，そして $n=5$ と 6 については対応するジカルボン酸塩化物との Friedel-Crafts アシル化反応，引き続き Wolff-Kishner 還元反応のルートが取られていた．系統的に [n.m] シクロファンを合成しようとすると上記のように個々に異なった原料の合成法を取る必要性があり，効率が悪かった．そこで汎用性の高い原料合成を見出すことに取り組み，Cu(I) 接触 sp^2-sp^3 炭素間カップリング反応 (4.5.2 項参照，文献：Kochi and Tamura, Friedman and Shani) に着目した．ただ，その触媒調製法が，湿度が高く，また実験に精通した研究者の少ない実験室には不適切な方法であったので，その点を改良するため，反応直前に一価の銅塩を HMPA に溶解させる方法を採用して，効率を高めることに成功し，以後の合成を単純にすることができた．実験室で仕事をするうえで，上例のように些細な工程であっても常に安全で簡便で効率的な方法を目指すことが肝要である．

> **問題 8.3**
> スキーム 8.3 に示したジアゾメタンの挿入は転位反応 (4.7 節参照) を経由する．その機構を与えよ．
>
> **問題 8.4**
> スキーム 8.4 に示した光反応では対応する [2.2] パラシクロファン誘導体は得られなかった．この点について理由を考察せよ．
>
> **問題 8.5**
> HMPA は溶媒として用いられる．図 5.2 に従って分類せよ．

スーパーファンとよばれる全架橋のシクロファンは多くの注目を浴びた化合物の一つである．現在 $[2_6]$(1,2,3,4,5,6) シクロファン **4** と $[3_6]$(1,2,3,4,5,6) シクロファン **5** が

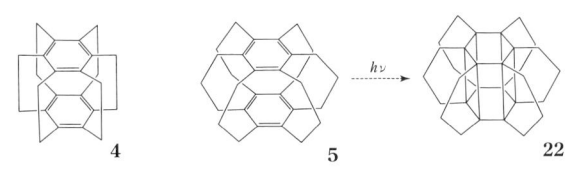

図 8.2　合成されたスーパーファン

合成されている．とくに後者は[3₆]プリズマン **22** の前駆体として注目されている．

> **問題 8.6**
> 上記のスーパーファン **4** と **5** の対称性について論じよ．

両者とも逆合成には，架橋を順次加えていく方針が取られている．[3₆](1,2,3,4,5,6)シクロファン **5** を例に取ってスキーム 8.5 に示す．

両者の合成をそれぞれスキーム 8.6 と 8.7 に示す．エタノ架橋やトリメチレン架橋をどのような反応で加えるかがポイントとなる．[2₆](1,2,3,4,5,6)シクロファン **4** には，*o*-キノジメタンの二量化（形式的には分子内[4+4]環化付加反応）が使われている．

スキーム 8.5 [3₆](1,2,3,4,5,6)シクロファン **5** の逆合成

スキーム 8.6 [2₆](1,2,3,4,5,6)シクロファン **4** の逆合成（文献：Boekelheide）
a：ホルミル化反応(formylation, Reiche 操作)．b：NaBH₄ 還元．c：塩化チオニルによる塩素化反応．

スキーム 8.7 [3₆](1,2,3,4,5,6)シクロファン **5** の合成(文献:Sakamoto et al.)
a:(CH₃CO)₂O, AlCl₃, CS₂, 還流, 3 d, 52% (回収した **23** 基準). b:CH₃OCHCl₂, AlCl₃, CH₂Cl₂, RT, 3 h, 定量的収率. c:3 mol L⁻¹ aq. NaOH, THF, CH₃OH, 還流, 41 h, 74%. d:H₂, PtO₂, CHCl₃–CH₃OH, 99%. e:SmI₂, 1 mol L⁻¹ aq. KOH, THF, RT, 30 min. f:AlCl₃, LiAlH₄, THF, 還流, 12 h, 61% (**41** 基準).

[3₆](1,2,3,4,5,6)シクロファン **5** の合成には,アルドール縮合の類型である Claisen-Schmidt 縮合が使われている.

> **問題 8.7**
> シクロファン **4** の合成には,シクロブテン環が2個融着したパラキシリレン経由の熱分解も試みられたが成功しなかった.理由を推測せよ(文献:Boekelheide).

8.2 フラーレン(C₆₀)誘導体

フラーレン(参考書:日本化学会 編,文献:Hara et al.)は,星間物質化学・宇宙有機化学の研究からセレンディピタスに発見された.20世紀最大の発見の一つである(文献:Kroto et al.).ダイヤモンドと黒鉛に次ぐ第三の炭素同素体である.60個の炭素のつくる球形の物質で30個の二重結合をもっている.どの炭素も同じ環境,すなわち一つの二重結合と二つの一重結合をもつ炭素(sp²)として存在している.

［60］フラーレンは芳香族化合物の不完全燃焼によって大量に合成可能で，1990 年代の高価な試薬のイメージは現在ではまったくなく，汎用試薬と同様に原料として大量に使用できる．太陽電池などに応用を目指した機能物質としての研究が盛んである．

この興味ある物質への反応が 1990 年代に精力的に検討された．そして修飾反応として多数の報告があったが，Bingel 反応と Prato 反応は，その応用範囲の広さと原料調達の容易さから主要な反応となった．これらの反応は，本質的に電子求引性フラーレンと組織化によって新しい機能を発現させる（共有結合による組織化）目的に使用される（スキーム 8.8）．前者はマロン酸エステルから生じたカルボアニオンの付加と H–Br の cis-脱離による修飾である．後者は N-メチルグリシンとホルムアルデヒドから系中で発生する N-イリドの［2+3］環化付加による修飾である．

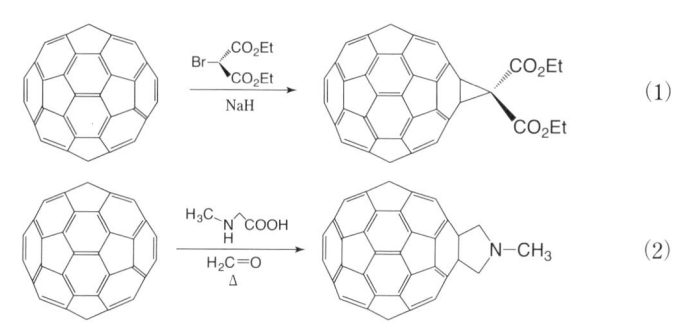

スキーム 8.8 Bingel 反応(1) と Prato 反応(2)

以下にフラーレンの曲面を絡み合う鎖の一部とするカテナンとそれに関連するロタキサンおよび穴あきフラーレンとその穴を通しての水素吸蔵，さらに穴の修復による水素内包フラーレンの合成について触れる．

問題 8.8
　求電子性フラーレンをジエノフィルとした Diels-Alder 反応も修飾反応として用いられる．しかしシクロペンタジエンのような一般的なジエンとの反応生成物は，不安定であり，常温で容易に逆 Diels-Alder 反応によって原料に戻るため，特殊なジエンが使われることが多い．どのようなジエンか答えよ．

8.2.1 カテナンとロタキサン

カテナンとロタキサンは，共有結合を介さないで構築される分子で，超分子化学の分野で注目を浴びている．クラウンエーテルの化学の進展とともに発展した．すなわち，従来の確率的な手法や共有結合を利用する手法と異なり，中間体として必要な擬ロタキサン(pseudorotaxane)がクラウンエーテルを用いて設計できるようになった点が大きいと指摘できる．

フラーレンを構成要素，すなわちおもにストッパーとするロタキサンや周辺にフラーレンを有するカテナンの例はすでに報告されていたが，フラーレンのもつ曲面を構成要素とするカテナンの例はなかった．そこで，合成戦略(スキーム 8.9)として，フラーレンとそれに匹敵する電子求引性フラグメントをもつ分子と電子供与性の輪分

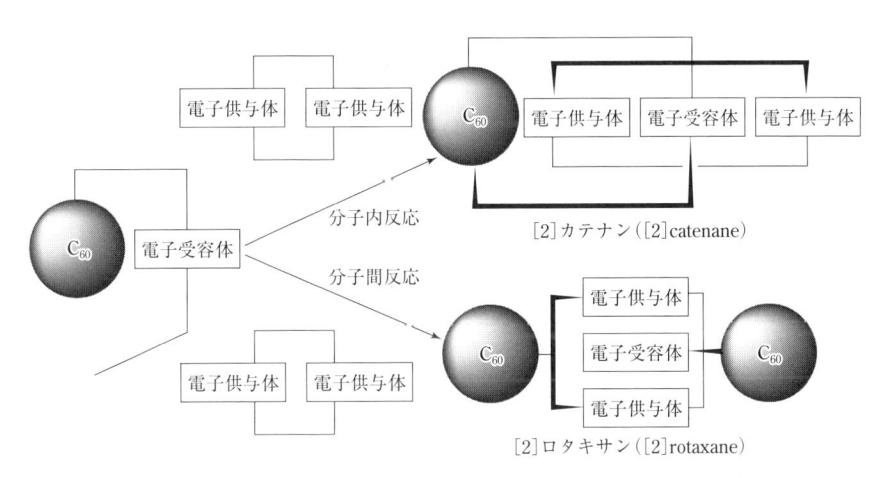

スキーム 8.9 カテナンとロタキサンの合成戦略(文献：Nakamura et al.)

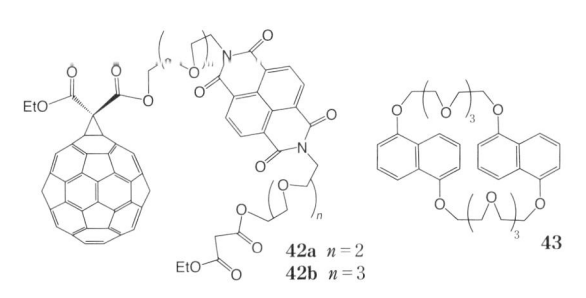

図 8.3 カテナンとロタキサン合成のためのフラグメント **42** と **43**

子(図 8.3)を設計合成し，両者が錯形成して生じる擬ロタキサンの濃度がもっとも高くなるように，反応温度として許されるもっとも低い温度での反応を検討して，擬ロタキサンの末端とフラーレン部位を分子内反応させて，カテナンが合成された．このカテナンの論文には，「至福の栄誉」とのサブタイトルが編集者によってつけられた．フラーレンが王冠を2個も戴いている状況を見事に表現している．少なからず関係者を刺激したことに合成を達成した研究者には満足感が残った(スキーム 8.10)．

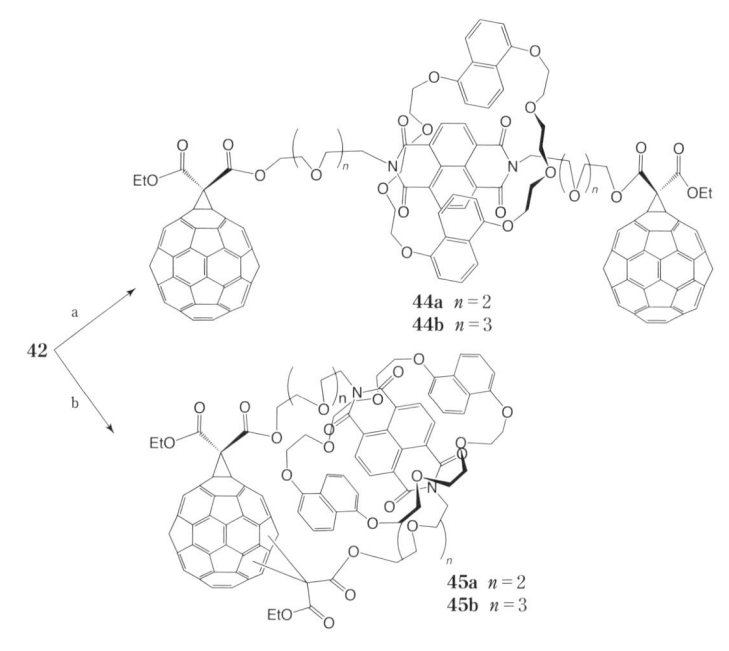

スキーム 8.10 カテナン **45** とロタキサン **44** の合成
a：**43**, C_{60}, CBr_4, DBU, CS_2/CH_2Cl_2, -78 ℃． b：**43**, CBr_4, DBU, CS_2/CH_2Cl_2, -78 ℃．

> **問題 8.9**
> スキーム 8.10 に示す反応は低温で行われた．その必要性を，熱力学的に説明せよ．

8.2.2 穴あきフラーレン

［60］フラーレンの内部空間は早くから注目され，表面に穴をあけて，水素などの小分子・原子を注入して，穴を修復する試みがされた．図 8.4 にその例をあげている．

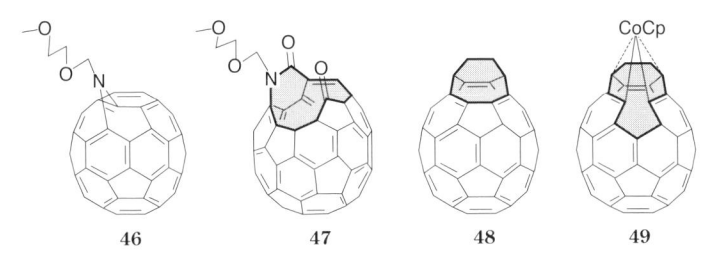

8.2 フラーレン(C_{60})誘導体　99

図 8.4 穴あきフラーレンの例[K. Komatsu, Y. Murata, *Chem. Lett.*, **34**, 886(2005) から引用]

その中でも最初に発表された穴あきフラーレン **47** に関する論文は衝撃的であった.「私のバッキー(フラーレンに最初につけられた名称「バックミンスターフラーレン」の愛称)にはホールがある」という題名で米国化学会誌に報告された(文献:Hummelen et al.).

これらの穴あきフラーレンに続いて,**51**(文献:Komatsu and Murata)が合成され,これと硫黄原子との反応で穴の口径が拡大(適切に拡大)された.さらに続いて水素の高圧下の封入がされ,この水素が簡単には放出されないことから,フラーレンへの修復が検討され,見事に達成された.この合成を以下に紹介する.強調すべき点は,硫黄による穴の口径の適正化以外は,論理的考察による合成ルートが取られたことである.その点をよく理解するためにステップごとに細部まで検討することを勧める.

スキーム 8.11 に示すように 1,2,4-トリアジンをジエンとし,フラーレンをジエノ

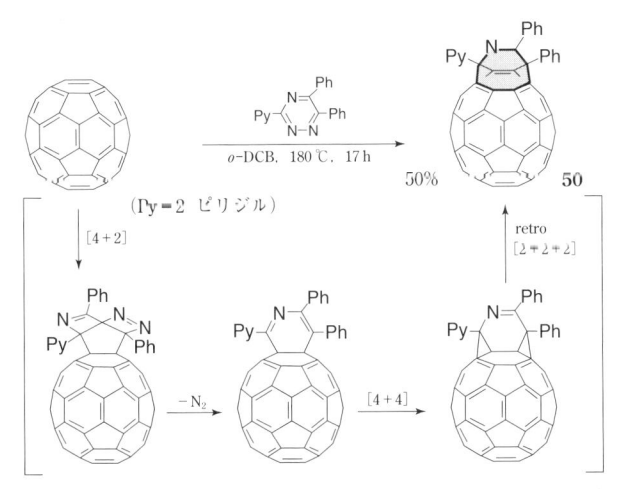

スキーム 8.11 穴あきフラーレンの合成[K. Komatsu, Y. Murata, *Chem. Lett.*, **34**, 887(2005) から引用]

フィルとして Diels-Alder 反応を行い，脱窒素，さらに[4+4]付加に引き続いて逆[2+2+2]反応を経て，穴あきフラーレン 50 が得られる．これを酸化すると化合物 51 が得られる．

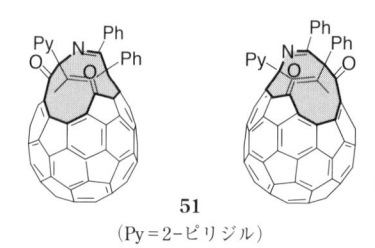

図 8.5 酸化後の一対の穴あきフラーレンエナンチオマー
[K. Komatsu, Y. Murata, *Chem. Lett.*, **34**, 887(2005)から引用]

a の結合(スキーム 8.12 参照)と硫黄との反応による穴の適正化，すなわちフラスコに痕跡量残っていた硫黄が 51 と反応した結果が，この合成を成功に導いた(スキーム 8.12)．正に予想できなかった反応(超・論理的過程：最初から論理的に詰めていた過程でないの意味)であった．Pasteur の名言，「チャンスは，心の準備ができたところに降り立つ」が思い出される．興味があり，自身の目指している分野ならば，まずは行動を起こさないと，知識(心の準備の範ちゅうに含まれる)も追いつかず，またとないチャンスを失うことを教えている．

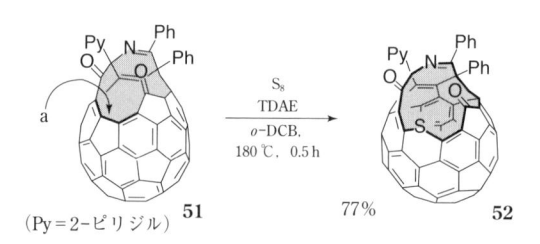

スキーム 8.12 穴あきフラーレンの合成の鍵ステップ(最終過程)
[K. Komatsu, Y. Murata, *Chem. Lett.*, **34**, 888(2005)から引用]

フラーレンへ戻す過程をスキーム 8.13 に示す．脱硫と McMurry 反応，そして逆電子環状付加反応で，見事に水素内包フラーレンが合成された．水素分子を常温常圧で自由に運動できない状態に押さえ込んだ意味で，哲学に影響する歴史に残る合成の一つといえる．

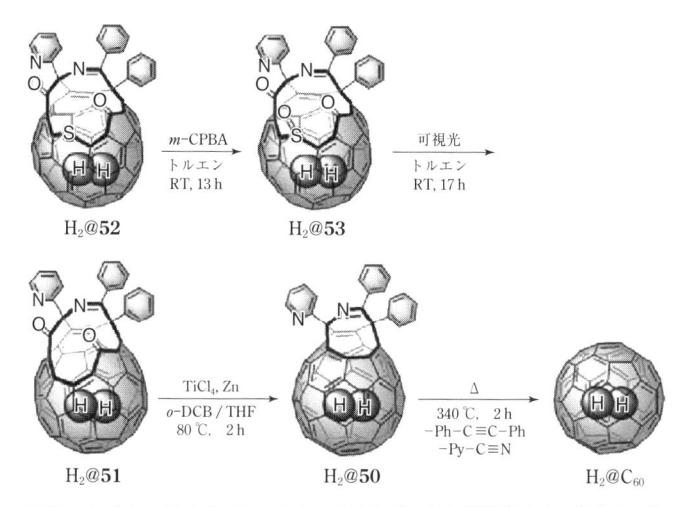

8.2 フラーレン(C_{60})誘導体　101

スキーム 8.13　穴あきフラーレンへ水素を封入した後修復までの合成ルート
[K. Komatsu, Y. Murata, *Chem. Lett.*, **34**, 889 (2005) から引用]

問題 8.10

穴あきフラーレン 51 (20 mg) と反応するフラスコに残留した硫黄の量を計算せよ．一般的にフラーレン誘導体は有機溶媒に微溶であるので，少し多めの溶媒中 (125 mL) でこの反応を行ったとして，フラスコ内部 (立方体近似) の表面 $1\,\text{cm}^2$ 当たりに必要な残留硫黄の最小値を計算せよ．慎重に洗浄しても汚れを見落とす可能性を確認せよ．

● 課　題 ●

8-01　図 8.1 に [1.1]パラシクロファンとしてあげてある例には，架橋点以外にベンゼン環に置換基がある．なぜ無置換のシクロファンが得られていないのか，調査せよ (文献：Tsuji)．

8-02　右記の [2+2] の光反応を進行させて，ヘキサプリズマン誘導体 54 のかご状骨格に導くことは容易ではない事実が報告されている (文献：Higuchi et al.)．期待どおりに進行しない理由を考察せよ．

8-03　図 8.2 における光反応によりスーパーファン 5 からヘキサプリズマン誘導体 22 が生成する経路を，途中の光反応過程を含め，考えられる組合せをできるだけ多くあげよ

(例：3組の同時[2+2]環化付加反応).

8-04 カテナンについて，その歴史と現状を調査せよ．

8-05 $H_2@C_{60}$ の中で水素分子は，並進運動はできないが，はたして振動や回転は可能なのであろうか．CAS online で $H_2@C_{60}$ をキーワードとして文献検索し，関連論文を調査せよ．

8-06 C_{70} の中へ水素分子がいくつ内包されるかについて，$H_2@C_{70}$ で文献検索して関連論文を調査せよ．

8-07 希ガス内包フラーレンは，水素内包フラーレンよりも容易に合成される．$He@C_{60}$ で文献検索して関連論文を調査せよ．これらの内包フラーレンの形成に対して，どのような説明がされているかについても注目せよ．

8-08 金属内包フラーレンとしてどのような化合物が報告されているかについて調査せよ．

8-09 Hoffmann の著した論文 "What might philosophy of science look like if chemists built it?" を要約せよ（文献：Hoffmann）．

8-10 フラーレンの最初につけられた名称：バックミンスターフラーレンの由来を調査せよ．

CHAPTER 9

ま と め

> この 100 年間でほぼ 5 千万種の有機化合物の詳細が明らかになった．この数に比例するかのように，最近の有機反応の開発には目を見張るものがある．

　本書は，序に述べたように有機化学入門書のまとめとしての有機合成化学入門書である．各項目について，必ずしも十分な説明をしていないので，多くの場合各自が習った有機化学の教科書に戻って内容を再確認・復習する必要がある．有機化学の論理的な部分が，まだ身についていない場合で，本書の説明が不十分と感じるところは，繰返しになるが，ぜひとも有機化学の教科書に戻って復習し，実践に備えることが望まれる．

　2009 年末に 5 千万種目の有機化合物が CAS に登録された．1 章で触れた 19 世紀末の 6 万種に比べると，この 100 年間でほぼ 5 千万種の有機化合物の詳細が明らかになった．この数に比例するかのように，最近の有機反応の開発には目を見張るものがある．しかし，それらの一部にしても網羅することは本書の意図するところではない．したがって，少数の例を狭い窓からしかみることができなかった．またそれらの選択にも筆者らの独断と趣味が入っていることは否めない．この点は，読者の専門が決定した時点で，さらに多数の反応について詳細に検討して補うことが望ましい．

　関連する文献は章ごとにまとめて与えてあるが，それらを読むことが必須ではない．これに関しては，ミュンヘン大学の元教員と話す機会があり，「一般的な学部学

生(ミュンヘン大学の学生はドイツ国内ではレベルが高い)には，まだ *Angew. Chem., Int. Ed.* や *J. Am. Chem. Soc.* などの学術誌に載った英文の論文を読む能力は乏しい.」との感想であった．わが国に置き換えてみて，筆者らも同じ感想をもっている．学部時代にはじめから難解な論文に無理にアタックする必要はなく，教科書を読みこなす方がはるかに重要で，これらの文献は「上級コースの授業や研究室配属などで適切な指導者が得られてから，興味が湧けば徐々に紐解く」程度にみておくことを勧める．

有機合成は，論理的な逆合成(最少の反応段数，最高の総合収率，原料取得の容易さ，反応の選択性，設備，そして経費)までが机上の作業で，引き続く実験台での作業が成否を決する重要なプロセスであり，大半の時間をここに費やす．したがって，ややもすれば，逆合成の論理的な部分の見直しがないがしろにされ，実験遂行者があまりにも強く自己反省するような場合にはとくに起こりがちであるが，個人の技量に問題がすり替わることもしばしば見受けられる．チームで対処する場合，あくまでも性善説に立ち，まったく収量がないか期待はずれの収率の反応は論理に立ち返って考え直すべきである．このような有機合成における人間的な葛藤も現代がピークではないかと想像している．なぜならば，周辺の分野の進歩も著しく，21 世紀は反応が精選されて使いやすいライブラリーが構築され，合成ソフト・自動合成装置・精製機器・分析装置の進歩も相まって，有機合成がさらに容易になると想像するからである．

有機化学，とくに有機合成化学は近年変貌しつつある．薬理活性はいうに及ばず，電子的機能をはじめとする物性物理的機能を追求する方向に歩調を速めている．とくに後者の方向では，高分子化学，材料化学にますます近づいているようにみえる．しかし，最終的に有機化学に基礎をおいた場合の優位性は，純度よく最終生成物を調製

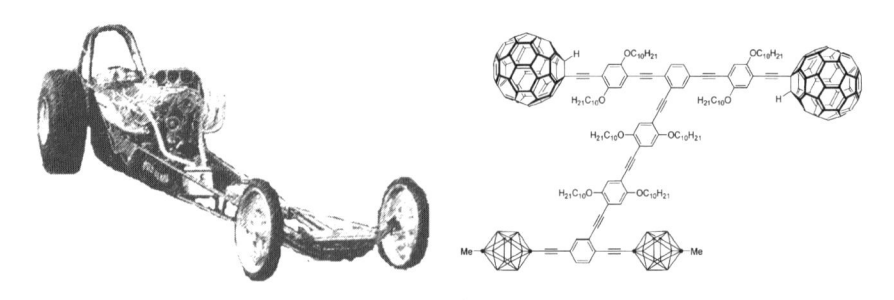

図 9.1　ドラグスターとナノドラグスター(文献：Vives et al., Shirai et al.)
[http://www.dragtimes.com/images/7279-1969%20design-Dragster-Front%20Engine.jpg と *Org. Lett.*, **11**, 5603(2009)から引用]

できる点にある．純度の概念の中には，分子量分布や繰返し単位や末端官能基などが含まれる．これらは，操作の簡便な方法を選択する方向性からは無視されがちな部分でもある．有機合成化学では，この点までこだわりをもって対処する．

しかし，伝統的に有機化学で扱う物質は，少なくとも可溶性か，結晶性かであって，構造解析が汎用分析機器を用いて容易なものに限られている感を否めない．電子顕微鏡や質量分析の技術が格段に向上し，有機化学者がこれらの機器を使って不溶な非結晶性物質を扱える状況になっている．

合成化学における電子顕微鏡の活用の一面を示すトピックスがある．フラーレンを車輪とした電子顕微鏡下で動かせる乗用車やドラグスターの車体（図 9.1）が合成され，電子顕微鏡下でこれらの化合物を操る興味深い研究が報告されている．まだまだ可溶な化合物の研究例であるが，将来を暗示しているように思われる．

有機合成化学者から，次の言葉をよく耳にする．「学問や社会に対して感受性を高め，時代を先取りした目標を設定し，研究に取りかかることが肝要である．目指した分野で，努力に報いるチャンスに恵まれて，大きな仕事につながる．」この言葉を，実践を基本とする学問の本入門書のまとめとする．

● 課 題 ●

9-01 フラーレンは電子顕微鏡で1個ずつ観察できるか．関連論文を調査せよ（文献：Koshino et al.）．

9-02 グラファイトの断片を有機化学的に合成するとして，その逆合成スキームを調査せよ（文献：Raeder et al.）．

参 考 書

- 大橋　守ら 監訳，フェッセンデンら 著，"有機化学 上・下"，東京化学同人(1995).
- 奥山　格 監修，"有機化学"，丸善(2008).
- 小倉克之，川井正雄 訳，バクストン，ロバーツら 著，"基礎有機立体化学"，化学同人(2000).
- 小田順一 訳，カガン 著，"有機立体化学"，化学同人(1981).
- 野依良治ら 監訳，ボルハルト・ショアー 著，"現代有機化学 第 4 版 上・下"，化学同人(2004).
- 日本化学会 編，"化学総説43. 炭素第三の同素体フラーレンの化学"，学会出版センター(1999).
- 檜山爲次郎 監修，"新材料・新素材シリーズ 電子共役系有機材料の創製・機能開発・応用"，シーエムシー出版(2008).
- 有機合成化学協会 編，"天然物の全合成― 2000-2008(日本)―"，化学同人(2009).
- E. J. Corey, X.-M. Cheng, "The logic of chemical synthesis", John Wiley & Sons, New York(1989).
- P. Deslongchamps, "Stereoelectronic effects in organic chemistry", Pergamon, Oxford(1983).
- E. L. Eliel, S. H. Wilen, L. N. Mander, "Stereochemistry of organic compounds", John Wiley & Sons (1994).
- J. B. Hendrickson, D. J. Cram, G. S. Hammond, "Organic chemistry, 3rd Ed.", McGraw-Hill Kogakusha (1970).
- P. M. Keehn, S. M. Rosenfeld, Ed., "Cyclophanes I & II", Academic Press, New York(1983).
- E. Negishi, A. de Meijere, Ed., "Handbook of organopalladium chemistry for organic synthesis, Volume 1 and Volume 2", Wiley-Interscience, New York(2002).
- C. Reichardt, "Solvents and solvent effects in organic chemistry, 3rd Ed.", VCH, Weinheim(2004).
- M. Smith, J. March, "March's advanced organic chemistry: Reactions, mechanisms, and structure, 6th Ed.", John Wiley & Sons, New York(2007).
- S. Warren, "Designing organic syntheses", John Wiley & Sons, New York(1978).
- R. B. Woodward, R. Hoffmann, "The Conservation of orbital symmetry", Verlag Chemie, Weinheim (1970).
- P. G. M. Wuts, T. W. Greene, "Greene's protective groups in organic synthesis, 4th Ed.", John Wiley & Sons, New York(2007).

文　献

1. **はじめに**
   - 山本嘉則，門田　功，"全合成―現在の合成化学はまだ社会の要求するレベルに達していない"，化学，**53**, 14(1998).
   - L.-D. Nie, X. X. Shi, K. H. Ko, W.-D. Lu, "A short and practical synthesis of Oseltamivir phosphate (Tamiflu) from (−)-shikimic acid," *J. Org. Chem.*, **74**, 3970(2009).
   - K. Yamatsugu, M. Kanai, M. Shibasaki, "An alternative synthesis of Tamiflu: a synthetic challenge and the identification of a ruthenium-catalyzed dihydroxylation route", *Tetrahedron*, **65**, 6017 (2009).

2. 有機化合物の構造

- P. E. Eaton, T. W. Cole, Jr., "Cubane", *J. Am. Chem. Soc.*, **86**, 3157(1964) and references cited therein.
- G. Maier, S. Pfriem, U. Schäfer, R.Matusch, "Tetra-*tert*-butyltetrahedrane", *Angew. Chem., Int. Ed. Engl.*, **17**, 520(1978).
- K. Mori, H. Watanabe, "A new synthesis of serricornin [(4S,6S,7S)-7-hydroxy-4,6-dimethyl-3-nonanone], the sex pheromone of the cigarette beetle", *Tetrahedron*, **41**, 3423(1985).
- R. J. Ternansky, D. W. Balogh, L. A. Paquette, "Dodecahedron", *J. Am. Chem. Soc.*, **104**, 4503(1982).
- M.-X. Zhang, P. E. Eaton, R. Gilardi, "Hepta- and octanitrocubanes", *Angew. Chem., Int. Ed.*, **39**, 401 (2000).

3. 有機合成

- 岸　義人, "ふぐ毒テトロドトキシンの合成研究", 有機合成化学協会誌, **32**, 855(1974).
- 檜原真弓, "適当でいいかげんな仕事のすすめ／一日を24時間プラス α に", 高分子, **59**, 106 (2010).
- 堀　憲次, 山口　徹, 岡野克彦, "計算化学と情報化学を融合した合成経路開発", *J. Comput.-Aided Chem.*, **5**, 26(2004).
- *Chem. Eng. News*, **87**(31), 29, 33(2009).
- E. J. Corey, W. T. Wipke, "Computer-assisted design of complex organic syntheses", *Science*, **166**, 178(1969).
- Y. Kishi, T. Fukuyama, M. Aratani, F. Nakatsubo, T. Goto, S. Inoue, H. Tanino, S. Sugiura, H. Kakoi, "Synthetic studies on tetrodotoxin and related compounds. IV. Stereospecific total syntheses of *DL*-tetrodotoxin", *J. Am. Chem. Soc.*, **94**, 9219(1972).
- H. Mayr, A. R. Ofial, "The reactivity-selectivity principle : An imperishable myth in organic chemistry", *Angew. Chem., Int. Ed.*, **45**, 1844(2006).
- J. Nishimura, Y. Nakamura, Y. Hayashida, T. Kudo, "Stereocontrol in cyclophane synthesis: Photochemical method to overlap aromatic rings", *Acc. Chem. Res.*, **33**, 679(2000).
- R. Warmuth, "*o*-Benzyne : strained alkyne or cumulene? NMR characterization in a molecular container", *Angew. Chem., Int. Ed. Engl.*, **36**, 1347(1997).
- S. E. Wheeler, K. N. Houk, P. v. R. Schleyer, W. D. Allen, "A hierarchy of homodesmotic reactions for thermochemistry", *J. Am. Chem. Soc.*, **131**, 2547(2009).

4. 骨格合成

- 日本化学会　編, "第5版　実験化学講座13．有機化合物の合成 I　炭化水素・ハロゲン化物", 丸善(2004).
- A. B. Charette, "Explosion hazard in asymmetric cyclopropanation", *Chem. Eng. News*, **73**(6), 2 (1995).
- M. Ichikawa, M. Takahashi, S. Aoyagi, C. Kibayashi, "Total synthesis of (−)-incarvilline, (+)-incarvine C, and (−)incarvillateine", *J. Am. Chem. Soc.*, **126**, 16553(2004).
- K. Ishigami, R. Katsuta, H. Watanabe, "Stereoselective synthesis of Sch 642305, an inhibitor of bacterial DNA primase", *Tetrahedron*, **62**, 2224(2006).
- P. Knochel, W. Dohle, N. Gommermann, F. F. Kneisel, F. Kopp, T. Korn, I. Sapountzis, V. A. Vu, "Highly functionalized organomagnesium reagents prepared through halogen-metal exchange", *Angew. Chem., Int. Ed.*, **42**, 4302(2003).
- H. Lebel, J.-F. Marcoux, C. Molinaro, A. B. Charette, "Stereoselective cyclopropanation reactions",

- *Chem. Rev.*, **103**, 977(2003).
- Y.-J. Li, H. Sasabe, S.-J. Su, D. Tanaka, T. Takeda, Y.-J. Pu, J. Kido, "Phenanthroline derivatives for electron-transport layer in organic light-emitting devices", *Chem. Lett.*, **2009**, 712.
- J. E. McMurry, M. P. Fleming, "New method for the reductive coupling of carbonyls to olefins. Synthesis of β-carotene", *J. Am. Chem. Soc.*, **96**, 4708(1974).
- Y. Nakamura, T. Tsuihiji, T. Mita, S. Tobita, H. Shizuka, J. Nishimura, "Synthesis, structure, and electronic properties of *syn*-[2.2]phenanthrenophanes : First observation of their excimer fluorescence at high temperature", *J. Am. Chem. Soc.*, **118**, 1006(1996).
- W. Saeyens, R. Busson, J. Van der Eycken, P. Herdewijna, D. De Keukeleire, "Fully selective intramolecular ortho photocycloaddition of 4-(4-methoxyphenoxy)-3-(N^3-benzoylthymin-1-yl)-but-1-ene : an unprecedented benzene–thymine photocycloaddition", *Chem. Commun.*, **1997**, 817.
- H. Sakurai, T. Daiko, T. Hirao, "A synthesis of sumanene, a fullerene fragment", *Science*, **301**, 1878 (2003).
- D. Seyferth, "The Grignard reagents", *Organometallics*, **28**, 1598(2009).
- H. E. Simmons, T. L. Cairns, S. A. Vladuchick, C. M. Hoiness, "Cyclopropanes from unsaturated compounds, methylene iodide, and zinc-copper couple", *Org. React.*, **20**, 1(1973).

5. 官能基変換・形成

- B. Li, Z. Xu, "A nonmetal catalyst for molecular hydrogen activation with comparable catalytic hydrogenation capability to noble metal catalyst", *J. Am. Chem. Soc.*, **131**, 16380(2009).
- O. Mitsunobu, "The use of diethyl azodicarboxylate and triphenylphosphine in synthesis and transformation of natural products", *Synthesis*, 1, 1981.
- B. Neises, W. Steglich, "Simple method for the esterification of carboxylic acids", *Angew. Chem., Int. Ed. Engl.*, **17**, 522(1978).
- I. Shiina, "Total synthesis of natural 8- and 9-membered lactones: recent advancements in medium-sized ring formation", *Chem. Rev.*, **107**, 239(2007).

6. 天 然 物

- 小幡成美, "ビタミン B_{12} の全合成について", 蛋白質核酸酵素 別冊, **19**, 153(1974).
- 野平博之, "天然有機化合物の人工合成—ビタミン B_{12} はこうして合成された", 化学教育, **22**, 492 (1974).
- E. J. Corey, S. K. Shibata, R. K. Bakshi, "An efficient and catalytically enantioselective route to (S)-(−)-phenyloxirane", *J. Org. Chem.*, **53**, 2861(1988).
- A. Eschenmoser, C. E. Wintner, "Natural product synthesis and vitamin B_{12}", *Science*, **196**, 1410 (1977).
- R. L. Funk, K. P. C. Vollhardt, "A cobalt-catalyzed steroid synthesis", *J. Am. Chem. Soc.*, **99**, 5483 (1977).
- D. Lefranc, M. A. Ciufolini, "Total synthesis and stereochemical assignment of micrococcin P1", *Angew. Chem., Int. Ed.*, **48**, 4198(2009).
- F. Li, S. S. Tartakoff, S. L. Castle, "Total synthesis of (−)-acutumine", *J. Am. Chem. Soc.*, **131**, 6674 (2009) and F. Li, S. L. Castle, "Synthesis of the acutumine spirocycle via a radical-polar crossover reaction", *Org. Lett.*, **9**, 4033(2007).
- M. Nakamura, A. Hirai, M. Sogi, E. Nakamura, "Enantioselective addition of allylzinc reagent to alkynyl ketones", *J. Am. Chem. Soc.*, **120**, 5846(1998).
- R. B. Woodward, "Chemistry of natural products", *Pure Appl. Chem.*, **17**, 519(1968).

7. 有機機能物質

- 入江正浩, "フォトクロミックジアリールエテンの設計・合成 (「インテリジェント有機分子の合成と機能」特集号)-(光機能性色素-合成と応用)", 有機合成化学協会誌, **49**, 373 (1991).
- 小野 昇, 和田久生, "ポルフィリン合成の最近の進歩", 有機合成化学協会誌, **51**, 826 (1993).
- 楠本哲生, 檜山爲次郎, 竹原貞夫, "フッ素を極性基に持つ強誘電性液晶", 染料と薬品, **39**, 6 (1994).
- T. Akiyama, A. Hirao, T. Okujima, H. Yamada, H. Uno, N. Ono, "Synthesis of phthalocyanine fused with bicyclo[2.2.2]octadienes and thermal conversion into naphthalocyanine", *Heterocycles*, **74**, 835 (2007).
- H. S. Cho, D. H. Jeong, S. Cho, D. Kim, Y. Matsuzaki, K. Tanaka, A. Tsuda, A. Osuka, "Photophysical properties of porphyrin tapes", *J. Am. Chem. Soc.*, **124**, 14642 (2002).
- M. Irie, "Diarylethenes for memories and switches", *Chem. Rev.*, **100**, 1685 (2000).
- R. G. Lawton, W. E. Barth, "Synthesis of corannulene", *J. Am. Chem. Soc.*, **93**, 1730 (1971).
- K. Matsuda, M. Irie, "Photoswitching of intramolecular magnetic interaction using a diarylethene dimer", *J. Am. Chem. Soc.*, **123**, 9896 (2001).
- T. Otsubo, Y. Aso, K. Takimiya, H. Nakanishi, N. Sumi, "Synthetic studies of extraordinarily long oligothiophenes", *Synth. Met.*, **133**, 325 (2003).
- A. Sygula, G. Xu, Z. Marcinow, P. W. Rabideau, "'Buckybowls'-introducing curvature by solution phase synthesis", *Tetrahedron*, **57**, 3637 (2001).
- K. Tashiro, Y. Hirabayashi, T. Aida, K. Saigo, S. Fujiwara, K. Komatsu, S. Sakamoto, K. Yamaguchi, "A supramolecular oscillator composed of carbon nanocluster C_{120} and a rhodium(III) porphyrin cyclic dimer", *J. Am. Chem. Soc.*, **124**, 12086 (2002).
- G.-W. Wang, K. Komatsu, Y. Murata, M. Shiro, "Synthesis and X-ray structure of dumbbell-shaped C_{120}", *Nature*, **387**, 583 (1997).
- T. Yamamoto, A. Morita, Y. Maruyama, Z.-h. Zhou, T. Kanbara, K. Sanechika, "New method for the preparation of poly(2,5-thienylene), poly(p-phenylene), and related polymers", *Polym. J.*, **22**, 187 (1990).
- T. Yamamoto, A. Yamamoto, "A novel type of polycondensation of polyhalogenated organic aromatic compounds producing thermostable polyphenylene type polymers promoted by nickel complexes", *Chem. Lett.*, **1977**, 353.
- T. Yasuda, H. Ooi, J. Morita, Y. Akama, K. Minoura, M. Funahashi, T. Shimomura, T. Kato, "π-Conjugated oligothiophene-based polycatenar liquid crystals: Self-organization and photoconductive, luminescent, and redox properties", *Adv. Funct. Mater.*, **19**, 411 (2009).

8. 興味深い構造の有機化合物

- G. J. Bodwell, J. J. Fleming, M. R. Mannion, D. O. Miller, "Nonplanar aromatic compounds. 3. A proposed new strategy for the synthesis of buckybowls. Synthesis, structure and reactions of [7]-, [8]- and [9](2,7)pyrenophanes", *J. Org. Chem.*, **65**, 5360 (2000).
- V. Boekelheide, "$[2_n]$Cyclophanes: paracyclophane to superphane", *Acc. Chem. Res.*, **13**, 65 (1980).
- C. J. Brown, A. C. Farthing, "Preparation and structure of di-p-xylylene", *Nature*, **164**, 915 (1949).
- D. J. Cram, N. L. Allinger, H. Steinberg, "Macro rings. VII. The spectral consequences of bringing two benzene rings face to face", *J. Am. Chem. Soc.*, **76**, 6132 (1954).
- D. J. Cram, J. M. Cram, "Cyclophane chemistry: bent and battered benzene rings", *Acc. Chem. Res.*, **4**, 204 (1971).
- L. Friedman, A. Shani, "Halopolycarbon homologation", *J. Am. Chem. Soc.*, **96**, 7101 (1974).

- J. Gross, G. Harder, F. Vögtle, H. Stephan, K. Gloe, "$C_{60}H_{60}$ and $C_{54}H_{48}$: Silver ion extraction with new concave hydrocarbons", *Angew. Chem., Int. Ed. Engl.*, **34**, 481(1995).
- T. Hara, T. Konno, Y. Nakamura, J. Nishimura, "Chemistry influenced by the nontypical structure: Modification of [60]fullerene", Strained Hydrocarbons, ed. by H. Dodziuk, Wiley-VCH(2009), p. 208.
- H. Higuchi, E. Kobayashi, Y. Sakata, S. Misumi, "Photodimerization of benzenes in strained dihetera [3.3]metacyclophanes", *Tetrahedron*, **41**, 1731(1986) and references cited therein.
- R. Hoffmann, "What might philosophy of science look like if chemists built it?", *Synthese*, **155**, 321 (2007).
- J. C. Hummelen, M. Prato, F. Wudl, "There is a hole in my bucky", *J. Am. Chem. Soc.*, **117**, 7003 (1995).
- J. K. Kochi, M. Tamura, "Alkylcopper(I) in the coupling of Grignard reagents with alkyl halides", *J. Am. Chem. Soc.*, **93**, 1485(1971).
- K. Komatsu, Y. Murata, "A new route to an endohedral fullerene by way of σ-framework transformations", *Chem. Lett.*, **34**, 886(2005).
- H. W. Kroto, J. R. Heath, S. C. O'Brien, R. F. Curl, R. E. Smalley, "C_{60}: Buckminsterfullerene", *Nature*, **318**, 162(1985).
- S. Mataka, K. Shigaki, T. Sawada, Y. Mitoma, M. Taniguchi, T. Thiemann, K. Ohga, N. Egashira, "Quadruple decker[3.3][3.3][3.3]orthocyclophane-acetal-An orthocyclophane ladder", *Angew. Chem., Int. Ed.*, **37**, 2532(1998).
- S. Misumi, T. Otsubo, "Chemistry of multilayered cyclophanes", *Acc. Chem. Res.*, **11**, 251(1978).
- Y. Nakamura, S. Minami, K. Iizuka, J. Nishimura, "Preparation of neutral [60]fullerene-based [2]catenanes and [2]rotaxanes bearing an electron-deficient aromatic diimide moiety", *Angew. Chem., Int. Ed.*, **42**, 3158(2003).
- J. Nishimura, H. Doi, E. Ueda, A. Ohbayashi, A. Oku, "Efficient intramolecular [2+2] photocycloaddition of styrene derivatives towards cyclophanes", *J. Am. Chem. Soc.*, **109**, 5293 (1987).
- R. A. Pascal, Jr., R. B. Grossman, D. V. Engen, "Synthesis of in-[34,10][7]metacyclophane: projection of an aliphatic hydrogen toward the center of an aromatic ring", *J. Am. Chem. Soc.*, **109**, 6878(1987).
- P. J. Pye, K. Rossen, R. A. Reamer, N. N. Tsou, R. P. Volante, P. J. Reider, "A new planar chiral bisphosphine ligand for asymmetric catalysis : highly enantioselective hydrogenations under mild conditions", *J. Am. Chem. Soc.*, **119**, 6207(1997).
- Y. Sakamoto, N. Miyoshi, T. Shinmyozu, "Synthesis of a "molecular pinwheel" : [3.3.3.3.3.3]- (1,2,3,4,5,6)cyclophane", *Angew. Chem., Int. Ed. Engl.*, **35**, 549(1996).
- C.-F. Shieh, D. McNally, R. H. Boyd, "The heats of combustion and strain energies of some cyclophanes", *Tetrahedron*, **25**, 3653(1969).
- H. A. Staab, W. Rebafka, "Orientation effects on charge-transfer interactions, VI. The two intramolecular quinhydrones of the [2.2]paracyclophane series", *Chem. Ber.*, **110**, 3351(1977).
- T. Tsuji, "Highly strained cyclophanes", Modern cyclophane chemistry, ed. by R. Gleiter, H. Hopf, Wiley-VCH, Weinheim(2004), p. 81.
- T. Tsuji, S. Nishida, "Photochemical generation of bicyclo[4.2.2]decapentaene from [4.2.2]propella-2,4,7,9-tetraene. Preference of [4]paracyclopha-1,3-diene structure over bicyclo[4.2.2]deca-1,3,5,7,9-pentaene structure", *J. Am. Chem. Soc.*, **111**, 368(1989).

9. まとめ

- M. Koshino, T. Tanaka, N. Solin, K. Suenaga, H. Isobe, E. Nakamura, "Imaging of single organic molecules in motion", *Science*, **316**, 853 (2007).
- H. J. Raeder, A. Rouhanipour, A. M. Talarico, V. Palermo, P. Samori, K. Müllen, "Processing of giant graphene molecules by soft-landing mass spectrometry", *Nat. Mater.*, **5**, 276 (2006).
- Y. Shirai, A. J. Osgood, Y. Zhao, K. F. Kelly, J. M. Tour, "Directional control in thermally driven single-molecule nanocars", *Nano Lett.*, **5**, 2330 (2005).
- G. Vives, J.-H. Kang, K. F. Kelly, J. M. Tour, "Molecular machinery: Synthesis of a 'Nanodragster'", *Org. Lett.*, **11**, 5002 (2009).

問題解答

2. 有機化合物の構造

問題 2.1 分子に対称面があるとき（メソ体：アキラル）にはエナンチオマーの関係が消失する．

問題 2.2 4個の異性体の中にメソ体がないかを調べること．

問題 2.3 左端のヒドロキシ基から a：S,R,S；b：S,S,S；c：S,R,R；d：S,S,R. a′：S,R,S；b′：R,R,R；c′：R,S,S；d′：R,S.

問題 2.4 上段左よりブロモクロロフルオロメタン（C_1），1,3-ジクロロアレン（C_2），*trans,trans,trans*-3,7,11-トリメチルシクロデカ-1,5,9-トリエン（C_3），トリ-*o*-チモチド（C_3），1,1′-ビ-2-ナフトール（C_2），シクロトリベラトリレン（X=Y=OH）（C_3），α-シクロデキストリン（C_6）.

問題 2.5 ビフェニル架橋体（$n=2$），トリスホモクバン（$n=3$），ツイスタン（$n=2$），ペルヒドロトリフェニレン（$n=3$），シクロトリベラトリレンダイマー（$n=3$）.

問題 2.6 省略．

問題 2.7 すべて $n=2$，すなわち C_{2v} 点群に属す．

問題 2.8 左より $n=2$, $n=2$, $n=2$, $n=3$.

問題 2.9 左より $n=2$, $n=2$, $n=2$, $n=5$.

問題 2.10 左より D_{5h}, D_{6h}, D_{7h}.

問題 2.11

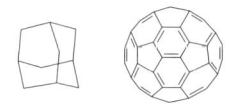

問題 2.12

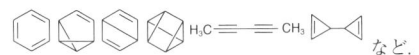

など．

問題 2.13 トリフェニレン（$n=3$），コロネン（$n=6$），ケクレン（$n=6$）.

3. 有機合成

問題 3.1 まずは有機化学の教科書の目次を詳しくみることから始める．

問題 3.2 a）〜d）のカルボニル炭素，不飽和ケトンの β 位およびハロゲンの置換位置の炭素には $\delta+$ を，e, f) の金属の置換した炭素には $\delta-$ をつける．

問題 3.3 $n\text{-BuBr} + 2\text{Li} \rightarrow n\text{-BuLi} + \text{LiBr}$ ヘキサンやそれに類したアルカン中で合成．

問題 3.4 $pK_a + pK_b = 14$

問題 3.5 巻き矢印はプロペンの CH_2 を巻き込んで H^+ を引き，Markovnikov 型の付加であることを示す（参考書：奥山）．

問題 3.6 下図のように1個の電子を移すときに使用（ラジカルの発生や反応）．

問題 3.7 巻き矢印による機構は省略．無水マレイン酸とシクロペンタジエンの反応は Alder 則に従いエンド型が生成する．この立体選択性を表すことは巻き矢印では困難．

問題 3.8 ケテン $CH_2=C=O$ は酢酸あるいはアセトンの熱分解で発生する．アレン $CH_2=C=$

114　問題解答

CH$_2$ はボンベ中長期に保管できるガスである．ケテン CH$_2$=C=O はプロトンをもつ化合物との反応性が高く，したがって肺で酢酸を生じ毒性が強い化合物で，発生とともに使用する．典型的な反応としては，酢酸と反応して無水酢酸が得られる．

問題 3.9　分子間 $R=k_2[S]^2$，分子内 $R=k_1[S]$ の速度を比較（割り算）．高度希釈とは[S]がほぼ0 をヒントとして考えること．

問題 3.10

問題 3.11　6％．

4. 骨格合成

問題 4.1　四角で囲んだ部分がヒント．

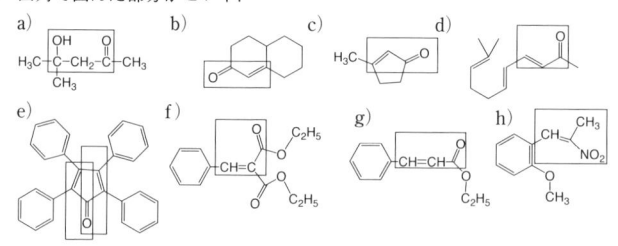

問題 4.2　四角で囲んだ部分がヒント．

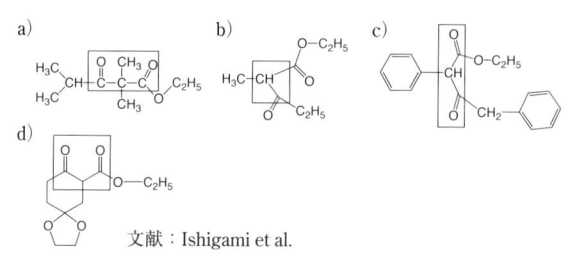

文献：Ishigami et al.

問題 4.3　四角で囲んだ部分がヒント．

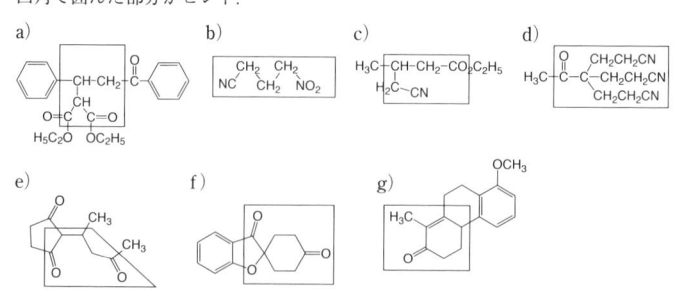

問題 4.4　a) 酢酸エチルへのエチル Grignard 試薬．b) アセトンへのエチル Grignard 試薬．c)

ケイ皮酸エチルへのメチル Grignard 試薬の 1,4-付加．d) 対応する酸アミドへのメチル Grignard 試薬．e) *o*-ブロモメトキシベンゼンから Grignard 試薬を調製し，二酸化炭素を吹き込む．f) フェニル Grignard 試薬とエチレンオキシド．

問題 4.5 a) アセトフェノンと対応するリンイリド．b) シクロヘキサノンと対応するリンイリド．c) ケイ皮アルデヒドと対応するリンイリド．d) それぞれ対応するケトンとリンイリド．e) アセトンと 1,5-ペンタメチレンリンイリド．

問題 4.6 c) 文献参照（Li et al.）．ほかは省略．

問題 4.7 b)〜d) 8 章，94, 95 ページ本文参照．ほかは省略．

問題 4.8

a) [構造式: H3CO-C6H4-CH(CH2-CH3) ⇒ H3CO-C6H4-CH=CH-CH3 + CH2I2 + Et2Zn]

b) [構造式: シクロプロパン付加体 ⇒ ベンゼン + CH3CHI2 + Et2Zn]

c) [構造式: ノルカラン型 ⇒ シクロヘキセン + PhCHI2 + Et2Zn]

d) 文献：Ichikawa et al.

[構造式: シクロブタン二量体 →($h\nu$／固相) ケイ皮酸誘導体×2]

e) 文献：Nakamura et al.

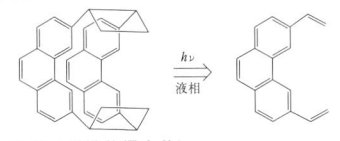

[構造式: シクロファン →($h\nu$／液相) ジビニル芳香族]

（3 種の異性体混合体）

問題 4.9 ヒント：アンタラ面型，スプラ面型の軌道の重なり．

問題 4.10 a) ブタジエン＋エテン．b) ブタジエン＋アセチレン．c) シクロヘプタジエン＋エテン．

問題 4.11 立体選択的の範ちゅうに立体特異的があり，原料の立体異性体の一方から生成物の立体異性体の一方が生じ，さらに原料の他方からは生成物の他方が生じ，両者の生成物に反応による異性体が含まれない場合を「立体特異的」とよぶ．

5. 官能基変換・形成

問題 5.1 CH_3-S-H（メタンチオール）< CH_3-SO-H（メタンスルフェン酸）< CH_3-SO_2-H（メタンスルフィン酸）< CH_3SO_2-OH（メタンスルホン酸）

問題 5.2 誘電率などを基準にして縦軸の適切な位置にプロット．

問題 5.3 [構造式: 4-メチルアセトフェノン, 2-アセチルチオフェン]

問題 5.4 Sandmeyer 反応（CuCl, CuBr, CuCN を用いる反応），Schiemann 反応（HBF₄ を用いる反応）．

問題 5.5 CrO₃—aq.H₂SO₄—アセトン．CH₃—CH₂—CH(OH)—CH₃ → CH₃—CH₂—CO—CH₃

問題 5.6 [PCC構造式: ピリジニウム ClCrO₃⁻]；CH₂=CHCH₂OH →(PCC)→ CH₂=CHCHO

問題 5.7 Zn(Hg), *conc*.HCl：PhCOCH₂CH₂CO₂H → Ph CH₂CH₂CH₂CO₂H

問題 5.8 ヒント：以下の化合物を原料に用いる．

a) [H₃CO-C₆H₄-C(CH₃)(OTs)CH₃] b) H₃C-CH(CN)-CH₂-CH₂-CH₃ c) OHC—(CH₂)₈—CHO d) [シクロヘキセノン] e) [アセトフェノン]

問題 5.9 ヒント：以下の化合物を原料にして試薬（ヒドロホウ素化の後加熱も含む）を選択．

a) [H₃CO-C₆H₄-C(CH₃)=CH(CH₃)] b) H₃C-CH₂-C≡C-CH₂-CH₃ c) H₂C=CH—(CH₂)₆—CH=CH₂ d) [メチルシクロヘキセン]

e) H₃C-C(=CH₂)-Ph（α-メチルスチレン）

問題 5.10

CH₂=CHCH₃ →(1) Hg(OAc)₂ / 2) NaBH₄)→ (CH₃)₂CHOH

CH₂=CHCH₂CH₃ →(BH₃)→ CH₃CH₂CH₂CH₂OH

CH₂=CHCH₃ →(HI)→ (CH₃)₂CHI

問題 5.11

酸化的処理生成物：HOOC-CH₂CH₂CH₂CH₂-COOH

還元的処理生成物：OHC-CH₂CH₂CH₂CH₂-CHO

酸化オスミウム処理生成物：cis-1,2-シクロヘキサンジオール

問題 5.12 酢酸中では，通常のニトロ化反応が起こり，アニリンのアミノ基の電子供与性効果により o-, p-体を生成する．一方，硫酸中では，アミノ基へのプロトン化が優先して起こり，結果として，アミノ基がアンモニウム基となって陽電荷を帯びるため電子求引性置換基となって置換基効果としては逆転するので，m-体を生成する．

6. 天然物

問題 6.1 旋光度がマイナス．絶対構造が決まっていないので，キラル炭素の帰属がされていない場合は，旋光度の符号を示すことで天然物と同じ絶対配置かどうかが示される．（±）とある場合はラセミ体であることを示している．

問題 6.2 炭素で4置換された炭素の内，二つの環状部分の要となっている炭素．

問題 6.3

7. 有機機能物質

問題 7.1　a) *cis*-体の構造：省略．キラル．b) 省略．c) 省略．d) たとえばキラルカラムを装着したHPLC．
問題 7.2　ヒント：Suzuki-Miyaura 反応．
問題 7.3　ヒント：スキーム 7.10 にならってブタジインのチオフェンへの変換反応を 2 回使用．
問題 7.4　ヒント：それぞれの構造，とくに平面性について考察．
問題 7.5　省略．
問題 7.6　X線結晶構造解析は，ごく狭い範囲の分子のパッキング状態を示すもので，物性など広い範囲の分子のパッキングが問題となる場合は，結晶内部の欠陥などが大きな影響を与えることがある．
問題 7.7　フェニル置換体の例を以下に示す（文献：Irle）.

問題 7.8　化合物の溶解度をよくするため．
問題 7.9　5,6-ジメチレンビシクロ[2.2.2]オクタ-2-エン．
問題 7.10　ベンゾビシクロオクタジエン骨格の架橋基間の相対配置に由来する異性体として4種．
問題 7.11　4種（コーン：corn，パーシャルコーン：partial corn，1,2-アルタナート：1,2-alternate，1,3 アルタナート：1,3-alternate）．

8. 興味深い構造の有機化合物

問題 8.1　キラル化合物の絶対配置は，中心対称，軸対称，面対称，そしてらせん対称で表現される．この錯体は面対称で示される（参考書：小倉と川井，小田，文献：Pye et al.）.
問題 8.2　エナンチオマーの関係の異性体一対．

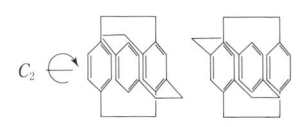

問題 8.3　カチオン部位に電子供与性のより大きい基（アルキル基：CH$_2$ 基）の方が，電子求引性の

大きい基（フェニル基）よりも転位しやすい点に着目のこと．

問題 8.4　中間体の—CH$_2$—CH$_2$—鎖の配座が *trans* に固定されている．励起状態の寿命が短く，この配座が *cis* になりビニルベンゼン残基が近くにくる可能性がほとんどない．また面対面の角度が 60°近く，[2+2]光環化付加反応の遷移状態を取れない．以上が理由になりそうである．成功した事例には理由はつけられるが，失敗例には作業仮説を与え，これも金科玉条とはせず，常にバイパスでもよいから成功へつながる道を模索すべきである．

問題 8.5　HMPA：非プロトン性極性溶媒．Grignard 試薬には反応しない（inert）．

問題 8.6　4(C_6, 6C_2), ∴ D_6：また 5 についてはトリメチレン鎖の配座変換が速いとすれば 4 と同じ．

問題 8.7　熱分解により[5]ラジアレンへ分解がおもに起こり，望みのシクロファンが得られない．パラシクロファン骨格のもつひずみエネルギーのために架橋鎖（エタノ鎖）の分解がまず起こるためと思われる．この合成で前駆体となるオルトシクロファンの場合は，ひずみを複数のエタノ鎖でカバーしているので一部が開裂したとしても，反応点が近傍に止まり再度結合して修復すると思われる．

問題 8.8　ジエンとして *o*-キノジメタンが使われる．反応後ベンゼン環（芳香族性で安定）を形成することから逆 Diels-Alder 反応を起こしにくい．

問題 8.9　擬ロタキサン形成の平衡定数 K は，$K = \exp(-\Delta G°/RT) = \exp\{-(\Delta H° - T\Delta S°)/RT\}$ で表される．擬ロタキサン形成を有利にするためには，K をできるだけ大きくする必要がある．すなわち $\Delta H° - T\Delta S°$ の値をできるだけ小さくすることが望まれる．一般的に，安定な単独に存在する系（主）から分子間結合で会合する系（副）となるので，$\Delta H°$ は正の値を取る．一方，擬ロタキサン形成のような 2 成分の組織化では $\Delta S°$ は負の値を取る．したがって $\Delta H° - T\Delta S°$ を小さくするためには T を小さく，すなわち低温にすることになる．この系では操作的に困難であるが，圧力の効果も顕著と予想される．

問題 8.10　穴あきフラーレン 51 の分子量：1040，硫黄の原子量：32，∴ 反応する硫黄の量は約 0.6 mg．フラスコの接触表面 25 cm^2×5 面 = 125 cm^2，∴ 0.6/125 = 0.004 92，1 cm^2 当たり約 5 μg．この程度ならばガラス表面に残っていても見つけることは困難．

略語・略号表

有機合成化学で用いられる略語・略号（大文字，小文字の区別がない場合も含む）

	試薬，溶媒，触媒
9-BBN	9-ボラビシクロ[3.3.1]ノナン(9-borabicyclo[3.3.1]nonane)
15-crown-5	15員環クラウンエーテルの一種(1,4,7,10,13-pentaoxacyclopentadecane)
18-crown-6	18員環クラウンエーテルの一種(1,4,7,10,13,16-hexaoxacyclooctadecane)
Ac_2O	無水酢酸(acetic anhydride)
acac	アセチルアセトン(2,4-pentanedione; acetylacetone)：配位子
AcOH	酢酸(acetic acid)
AIBN	アゾビスイソブチロニトリル(azobisisobutyronitrile)：ラジカル開始剤
AQN	アントラキノン(anthraquinone)
BHT	2,6-ジ-*t*-ブチル-4-ヒドロキシトルエン(butylated hydroxytoluene; 2,6-di-*t*-butyl-4-hydroxytoluene)
BINAP	2,2′-ビス(ジフェニルホスフィノ)-1,1′-ビナフチル(2,2′-bis(diphenylphosphino)-1,1′-binaphthyl)：キラル配位子
BINOL	1,1′-ビ-2-ナフトール(1,1′-bi-2-naphthol)
BocON	2-*t*-ブチロキシカルボニルオキシイミノ-2-フェニルアセトニトリル(2-*t*-butyloxy-carbonyloxyimino-2-phenylacetonitrile)：Boc化剤
Boc_2O	二炭酸ジ-*t*-ブチル(ジ-*t*-ブチルジカルボネート, di-*t*-butyl carbonate)
BOP-Cl	ビス(2-オキソ-3-オキサゾリジニル)ホスフィン酸塩化物(bis(2-oxo-3-oxazolidinyl)-phosphinic chloride)：アミノ酸縮合剤
BPO	過酸化ベンゾイル(benzoyl peroxide)：ラジカル開始剤
BPPM	(2*S*,4*S*)-*N*-*t*-ブトキシカルボニル-4-ジフェニルホスフィノ-2-ジフェニルホスフィノメチルピロリジン((2*S*,4*S*) *N*-*t*-butoxycarbonyl-4-diphenylphosphino-3-diphenylphos-phinomethylpyrrolidine)：キラル配位子
BSA	*N*,*O*-ビス(トリメチルシリル)アセトアミド(*N*,*O*-bis(trimethylsilyl)acetamide)：トリメチルシリル化剤
BSA	ビス(ベンゼンセレニン酸)無水物(bis(benzeneselenic) anhydride)：酸化剤
BSTFA	*N*,*O*-ビス(トリメチルシリル)トリフルオロアセトアミド(*N*,*O*-bis(trimethylsilyl)-trifluoroacetamide)：トリメチルシリル化剤
BTEAC	塩化ベンジルトリエチルアンモニウム(benzyltriethylammonium chloride)：相間移動触媒
CAN	硝酸セリウム(IV)アンモニウム(cerium(IV) ammonium nitrate)：酸化剤
CBS	Corey-Bakshi-Shibata 試薬(Corey-Bakshi-Shibata reagent)
CDI	カルボニルジイミダゾール(carbonyl diimidazole)
CIP	ヘキサフルオロリン酸2-クロロ-1,3-ジメチル-2-イミダゾリジニウム(2-chloro-1,3-dimethyl-2-imidazolidinium hexafluorophosphate)
cod	1,5-シクロオクタジエン(1,5-cyclooctadiene)：配位子
COT	シクロオクタテトラエン(cyclooctatetraene)
CSA	10-カンファースルホン酸(10-camphorsulfonic acid)：有機酸
DABCO	1,4-ジアザビシクロ[2.2.2]オクタン(1,4-diazabicyclo[2.2.2]octane)：塩基
DAD	アゾジカルボン酸ジエチル(diethyl azodicarboxylate)

DAST	三フッ化 N,N-ジエチルアミノ硫黄(N,N-diethylaminosulfur trifluoride)
dba	ジベンジリデンアセトン(dibenzylideneacetone)
DBMP	2,6-ジ-t-ブチル-4-メチルフェノール(2,6-di-t-butyl-4-methylphenol)
DBU	1,8-ジアザビシクロ[5.4.0]ウンデカ-7-エン(1,8-diazabicyclo[5.4.0]undec-7-ene)：塩基
DCC	N,N'-ジシクロヘキシルカルボジイミド(N,N'-dicyclohexylcarbodiimide)：アミド結合やエステル結合の形成の脱水触媒，注意：強力なアレルゲン
DCHT	酒石酸ジシクロヘキシル(dicyclohexyl tartrate)
DDQ	2,3-ジクロロ-5,6-ジシアノ-1,4-ベンゾキノン(2,3-dichloro-5,6-dicyano-1,4-benzoquinone)：酸化剤
DEAD	アゾジカルボン酸ジエチル(diethyl azodicarboxylate)
DET	酒石酸ジエチル(diethyl tartrate)
DHP	3,4-ジヒドロ-2H-ピラン(3,4-dihydro-2H-pyran)
DHQ	ジヒドロキニン(dihydroquinine)
DHQD	ジヒドロキニジン(dihydroquinidine)
DIAD(DIPAD)	アゾジカルボン酸ジイソプロピル(diisopropyl azodicarboxylate)
DIBAL	水素化ジイソブチルアルミニウム(diisobutylaluminum hydride)
DIPT	酒石酸ジイソプロピル(diisopropyl tartrate)
DMA	N,N'-ジメチルアセトアミド(N,N'-dimethylacetamide)
DMAP	4-(ジメチルアミノ)ピリジン(4-(dimethylamino)pyridine)：求核性触媒
DMAPO	4-(ジメチルアミノ)ピリジン N-オキシド(4-(dimethylamino)pyridine N-oxide)
DMDO	ジメチルジオキシラン(dimethyldioxirane)
DME	1,2-ジメトキシエタン(1,2-dimethoxyethane)：溶媒
DMF	N,N-ジメチルホルムアミド(N,N-dimethylformamide)：非プロトン性極性溶媒
DMM	ジメトキシメタン(dimethoxymethane)
DMP	2,2-ジメトキシプロパン(2,2-dimethoxypropane)
DMPU	1,3-ジメチル-3,4,5,6-テトラヒドロ-2(1H)-ピリミジノン(1,3-dimethyl-3,4,5,6-tetrahydro-2(1H)-pyri-midinone)
DMSO	ジメチルスルホキシド(dimethylsulfoxide)：非プロトン性極性溶媒
DMTMM	塩化4-(4,6-ジメトキシ-1,3,5-トリアジン-2-イル)-4-メチルモルホリニウム(4-(4,6-dimethoxy-1,3,5-triazin-2-yl)-4-methylmorpholinium chloride)
DOSP	N-(4-ドデシルフェニルスルホニル)プロリナート(N-(4-dodecylphenylsulfonyl)-prolinate)
DPEN	1,2-ジフェニル-1,2-エタンジアミン(1,2-diphenyl-1,2-ethanediamine)
DPPA	ジフェニルリン酸アジド(diphenylphosphonyl azide)：脱水縮合剤
dppf	1,1'-ビス(ジフェニルホスフィノ)フェロセン(1,1'-bis(diphenylphosphino)ferrocene)：配位子
dppp	1,3-ビス(ジフェニルホスフィノ)プロパン(1,3-bis(diphenylphosphino)propane)：配位子
DTBMP	2,6-ジ-t-ブチル-4-メチルピリジン(2,6-di-t-butyl-4-methylpyridine)
DuPHOS	ビス(ホスホラノ)ベンゼン類(bis(phospholano)benzenes)
EDA	エチレンジアミン(ethylene diamine)
EDCI	1-エチル-3(3-N,N-ジメチルアミノプロピル)カルボジイミド(1-ethyl-3(3-N,N-dimethylaminopropyl)carbodiimide)：アミド化促進剤
EDTA	エチレンジアミン四酢酸(ethylenediaminetetraacetic acid)

FAMSO	メチルメチルスルフィニルメチルスルフィド (methyl methylsulfinylmethyl sulfide)
fod	2,2-ジメチル-6,6,7,7,8,8,8-ヘプタフルオロ-3,5-オクタンジオン (6,6,7,7,8,8,8-heptafluoro-2,2-dimethyl-3,5-octanedione, 6,6,7,7,8,8-heptafluoro-2,2-dimethyl-3,5-octanedionato)：配位子
Grubbs I	第一世代 Grubbs 触媒 (Grubbs first generation catalyst)
Grubbs II	第二世代 Grubbs 触媒 (Grubbs second generation catalyst)
HATU	ヘキサフルオロリン酸 2-(1H-7-アザベンゾトリアゾール-1-イル)-1,1,3,3-テトラメチルウロニウム (2-(1H-7-azabenzotriazol-1-yl)-1,1,3,3-tetramethyluronium hexafluorophosphate)
HBTU	ヘキサフルオロリン酸 2-(1H-ベンゾトリアゾール-1-イル)-1,1,3,3-テトラメチルウロニウム (2-(1H-benzotriazole-1-yl)-1,1,3,3-tetramethyluronium hexafluorophosphate)
HF-Py	HF-ピリジン錯体 (hydrogen fluoride pyridine complex)
HMDS	1,1,1,3,3,3-ヘキサメチルジシラザン (1,1,1,3,3,3-hexamethyldisilazane)
HMPA	ヘキサメチルリン酸トリアミド (hexamethyl phosphoric acid triamide)：溶媒
HMPT	ヘキサメチル亜リン酸トリアミド (hexamethylphosphorous triamide)
HOAt	1-ヒドロキシ-7-アザベンゾトリアゾール (1-hydroxy-7-azabenzotriazole)
HOBt	1-ヒドロキシ-1H-ベンゾトリアゾール (1-hydroxy-1H-benzotriazole)：ラセミ化防止剤
HOSu	N-ヒドロキシコハク酸イミド (N-hydroxysuccinimide)
Hoveyda-Grubbs II	第二世代 Hoveyda-Grubbs 触媒 (Hoveyda-Grubbs second generation catalyst)
IBX	o-ヨードキシ安息香酸 (o-iodoxybenzoic acid)
KDA	カリウムジイソプロピルアミド (potassium diisopropylamide)
KHMDS	カリウム 1,1,1,3,3,3-ヘキサメチルジシラジド (potassium 1,1,1,3,3,3-hexamethyldisilazide)
LDA	リチウムジイソプロピルアミド (lithium diisopropylamide)：塩基
LDBB	リチウム 4,4′-ジ-t-ブチルビフェニリド (lithium 4,4′-di-t-butylbiphnylide)
LHMDS	リチウムヘキサメチルジシラジド (lithium 1,1,1,3,3,3-hexamethyldisilazide)
L-Selectride®	水素化トリ(s-ブチル)ホウ素リチウム (lithium tri-s-butylborohydride)：還元剤
LS-Selectride®	水素化トリ(シアミル)ホウ素リチウム (lithium trisiamylborohydride)：還元剤
LTMP	リチウム 2,2,6,6-テトラメチルピペリジン (lithium 2,2,6,6-tetramethylpiperidine)
Martine sulfurane	Martine スルフラン (bis[α,α-bis(trifluoromethyl)benzenemethanolato])
m-CPBA	メタクロロ過安息香酸 (m-chloroperbenzoic acid)：酸化剤
MeCN	アセトニトリル (acetonitrile)
MEK	メチルエチルケトン (methyl ethyl ketone)：溶媒
MNBA	2-メチル-6-ニトロ安息香酸無水物 (2-methyl-6-nitrobenzoic anhydride)：エステル化剤
MsCl	塩化メタンスルホニル (mesyl chloride, methanesulfonyl chloride)：Ms 化剤
MVK	メチルビニルケトン (methyl vinyl ketone)
NaHMDS	ナトリウムヘキサメチルジシラジド (sodium hexamethyldisilazide)
NBS	N-ブロモスクシンイミド (N-bromosuccinimide)：臭素化剤
NCS	N-クロロスクシンイミド (N-chlorosuccinimide)
NIS	N-ヨードスクシンイミド (N-iodosuccinimide)
NMM	N-メチルモルホリン (N-methylmorpholine)
NMO	N-メチルモルホリン N-オキシド (N-methylmorpholine N-oxide)
NMP	N-メチルピロリドン (N-methylpyrrolidone)
ODCB	o-ジクロロベンゼン (o-dichlorobenzene)：フラーレン(C_{60})用溶媒．または o-DCB．

p-ABSA	p-アセトアミドベンゼンスルホニルアジド（p-acetamidobenzenesulfonyl azide）
PCC	クロロクロム酸ピリジニウム（pyridinium chlorochromate）：酸化剤
PDC	ジクロム酸ピリジニウム（pyridinium dichromate）
Pd/C	活性炭素担持パラジウム：触媒
PHAL	フタラジン（phthalazine）
PHN	フェナントレン（phenanthrene）
PivCl	塩化ピバロイル（pivaloyl chloride）
PPTS	p-トルエンスルホン酸ピリジニウム（pyridinium p-toluenesulfonate）
Py	ピリジン（pyridine）：塩基，溶媒など
PyBOP	(1H-ベンゾトリアゾール-1-イルオキシ)トリス(ピロリジノ)ホスホニウムヘキサフルオロホスファート（(1H-bennzotriazol-1-yloxy)tripyrrolidinophosphonium hexafluorophosphate）
PyBroP	ブロモトリス(ピロリジノ)ホスホニウムヘキサフルオロホスファート（bromotripyrrolidinophosphonium hexafluorophosphate）
PYR	2,5-ジフェニルピリミジン（2,5-diphenylpyrimidine）
Raney Ni	ラネーニッケル（Raney nickel）：還元剤
Red-Al	水素化ビス(2-メトキシエトキシ)アルミニウムナトリウム（sodium bis(2-methoxyethoxy)aluminumhydride）：還元剤
Sia_2BH	ジシアミルボラート（disiamylborate）
SO_3-Py	三酸化硫黄-ピリジン錯体（sulfur trioxide pyridine complex）
TAS-F (TASF)	トリス(ジメチルアミノ)スルホニウムジフルオロトリメチルシリケート（tris(dimethylamino)sulfonium difluorotrimethylsilicate）
TBAB	臭化テトラブチルアンモニウム（tetrabutylammonium bromide）：相間移動触媒
TBAC	塩化テトラブチルアンモニウム（tetrabutylammonium chloride）
TBAF	フッ化テトラブチルアンモニウム（tetrabutylammonium fluoride）：脱シリル化剤
TBAI	ヨウ化テトラブチルアンモニウム（tetrabutylammonium iodide）：置換反応促進剤
TBHP	t-ブチルヒドロペルオキシド（t-butylhydroperoxide）：ラジカル開始剤
TDAE	テトラキスジメチルアミノエテン（tetrakis(dimethylamino)ethene：溶媒
TEA	トリエチルアミン（triethylamine）：塩基
TEMPO	2,2,6,6-テトラメチルピペリジニル-1-オキシ遊離基（2,2,6,6-tetramethylpiperidinyl-1-oxy free radical）
Tf_2O	トリフルオロメタンスルホン酸無水物（trifluoromethanesulfonic anhydride）
TFA	トリフルオロ酢酸（trifluoroacetic acid）：有機酸
TFAA	無水トリフルオロ酢酸（trifluoroacetic anhydride）
TFE	2,2,2-トリフルオロエタノール（2,2,2-trifluoroethanol）
TfOH	トリフルオロメタンスルホン酸（trifluoromethanesulfonic acid）
THF	テトラヒドロフラン（tetrahydrofuran）
TMAD	N,N,N',N'-テトラメチルアゾジカルボキサミド（N,N,N',N'-tetramethylazodicarboxamide）
TMEDA	N,N,N',N'-テトラメチルエチレンジアミン（N,N,N',N'-tetramethylethylenediamine）
TMG	1,1,3,3-テトラメチルグアニジン（1,1,3,3-tetramethylguanidine）
TMSCl	クロロトリメチルシラン（trimethylsilyl chloride）：トリメチルシリル化剤
TMPDA	N,N,N',N'-テトラメチルプロピレンジアミン（N,N,N',N'-tetramethylpropylenediamine）
TMU	テトラメチル尿素（tetramethylurea）：溶媒

TRAP/NMO	テトラ-*N*-プロピルアンモニウムペルルテナート/*N*-メチルモルホリン *N*-オキシド系(tetra-*N*-propylammonium perrutenate/*N*-methylmorpholine *N*-oxide system)：ニトロニルニトロキシドラジカルの発生を伴う酸化剤
TsOH(*p*-TsOH)	*p*-トルエンスルホン酸(*p*-toluenesulfonic acid)：有機酸

基　名

Ac	アセチル基(acetyl)：[CH_3CO-]
ACE	α-クロロエトキシカルボニル基(α-chloroethoxycarbonyl)
An	*p*-アニシル基，4-メトキシフェニル基(*p*-anisyl, 4-methoxyphenyl)
Ar	アリール基(aryl)：芳香族残基
Bn	ベンジル基(benzyl)：[$C_6H_5-CH_2-$]
Boc	*t*-ブトキシカルボニル基(*t*-butoxycarbonyl)：保護基
BOM	ベンジルオキシメチル基(benzyloxymethyl)
Bpoc	2-(*p*-ビフェニル)イソプロピルオキシカルボニル(2-(*p*-biphenyl)isopropyloxycarbonyl)：保護基
Bs	ベンゼンスルホニル基(benzenesulfonyl)
Bu	ブチル基(butyl)：[C_4H_9-], primary(normally, *n*-), secondary(*sec*-, *s*-), tertiary(*tert*-, *t*-)
Bz	ベンゾイル基(benzoyl)：[C_6H_5-CO-]
Cp	シクロペンタジエニル基(cyclopentadienyl)：官能基，配位子
Cy	シクロヘキシル基(cyclohexyl)
DCB	2,6-ジクロロベンジル基(2,6-dichlorobenzyl)
DMB	3,5-ジメトキシベンジル基(3,5-dimethoxybenzyl)
DNs	2,4-ジニトロベンゼンスルホニル基(2,4-dinitrobenzenesulfonyl)
EE	1-エトキシエチル基(1-ethoxyethyl)
Et	エチル基(ethyl)：[CH_3CH_2-]
Fm	9-フルオレニルメチル基(9-fluorenylmethyl)
Fmoc	9-フルオレニルメトキシカルボニル基(9-fluorenylmethoxycarbonyl)
ipc	イソピノカンフェニル基(isopinocamphenyl)
Me	メチル基(methyl)：[CH_3-]
Ms (Mes)	メタンスルホニル基，メシル基(methanesulfonyl, mesyl)：[CH_3SO_2-]
MOM	メトキシメチル基(methoxymethyl)
MTM	メチルチオメチル基(methylthiomethyl)
NAP	2-ナフチルメチル基(2-naphthylmethyl)
Ns	*o*-ニトロベンゼンスルホニル基(*o*-nitrobenzenesulfonyl, nosyl)
Pfp	ペンタフルオロフェニル基(pentafluorophenyl)
Ph	フェニル基(phenyl)：[C_6H_5-]
Piv	ピバロイル基(pivaloyl)
PMB	*p*-メトキシベンジル基(*p*-methoxybenzyl)：保護基
PMBM	*p*-メトキシベンジルオキシメチル基(*p*-methoxybenzyloxymethyl)
PMP	*p*-メトキシフェニル基(*p*-methoxyphenyl)
Pr	プロピル基(propyl)-primary (normally, *n*-), *iso*-
Py	おもに，2-ピリジル基(2-pyridyl)
R	アルキル基(alkyl)：脂肪族炭化水素残基

SE(TMSE)	2-(トリメチルシリル)エチル基(2-(trimethylsilyl)ethyl)
SEM	2-(トリメチルシリル)エトキシメチル基(2-(trimethylsilyl)ethoxymethyl)
Sia	シアミル基(s-isoamyl, siamyl, 1,2-dimetylpropyl)
TBDPS	t-ブチルジフェニルシリル基(t-butyldiphenylsilyl):保護基
TBS	t-ブチルジメチルシリル基(t-butyldimethylsilyl):保護基
Teoc	2-(トリメチルシリル)エトキシカルボニル基(2-(trimethylsilyl)ethoxycarbonyl)
TES	トリエチルシリル基(triethylsilyl):保護基
Tf	トリフルオロメタンスルホニル基(trifluoromethanesulfonyl)
Thexyl	1,1,2-トリメチルプロピル基(1,1,2-trimethylpropyl)
THP	2-テトラヒドロピラニル基(2-tetrahydropyranyl)
TIPS	トリイソプロピルシリル基(triisopropylsilyl)
TMS	トリメチルシリル基(trimethylsilyl)
Tol	トリル基(tolyl):[p-Me-C$_6$H$_4$-]
TPS	2,4,6-トリイソプロピルベンゼンスルホニル基(2,4,6-triisopropylbenzenesulfonyl)
Tr	トリチル基(trityl, triphenylmethyl):[Ph$_3$C-]
Tris	2,4,6-トリイソプロピルベンゼンスルホニル基(2,4,6-triisopropylbenzenesulfonyl)
Troc	2,2,2-トリクロロエトキシカルボニル基(2,2,2-trichloroethoxycarbonyl):[CCl$_3$CH$_2$OCO-]
Trt	トリチル基(trityl):[Ph$_3$C-]
Ts	トシル基(tosyl, p-toluenesulfonyl):[p-Me-C$_6$H$_4$-SO$_2$-]
Z(Cbz)	ベンジルオキシカルボニル基(benzyloxycarbonyl):保護基

化 学 用 語	
AD	不斉ジヒドロキシル化(asymmetric dihydroxylation)
anh	無水(anhydrous)
aq.	水溶液(aqueous)
atm	気圧(pressure)
BRSM	回収原料を差し引いて求めた収率(based on recovered starting material)
ca.	約,おおよそ(circa)
calcd	計算(値)(calculated)
cat.	触媒(catalyst),触媒量(catalytic amount)
conc.	濃(縮した)(concentrated)
de%	ジアステレオマー過剰率(diastereomer excess)
dr	ジアステレオマー比(diastereomer ratio)
Δ	加熱(heating)
EDG	電子供与基(electron donating group)
ee%	エナンチオマー(鏡像体)過剰率(% enantiomer excess)
ent	エナンチオマー(鏡像体)(enantiomer)
eq.(equiv)	等量(equivalent)
ESR	電子スピン共鳴スペクトル(electron spin resonance spectroscopy)
EWG	電子求引基(electron withdrawing group)
exptl	実験(値)(experimental)
GC	ガスクロマトグラフィー(gas chromatography)
gem-	ジェミナル(geminal):アルカンの1,1-ジ置換

h	時間(hour)
$h\nu$	光照射(irradiation)
HPLC	高速液体クロマトグラフィー(high performance liquid chromatography)
int	ラジカル開始剤
K_a	酸性度定数(acidity constant)
K_b	塩基性度定数(basicity constant)
liq.	液体(liquid)
m-	メタ(meta):ベンゼンの1,3-ジ置換
min	分(minute)
MS	モレキュラーシーブ(molecular sieve)
NMR	核磁気共鳴スペクトル(nuclear magnetic resonance spectroscopy):^{1}H 核や ^{13}C 核が高感度で使われる. 他の核種も利用可能.
o-	オルト(ortho):ベンゼンの1,2-ジ置換
p-	パラ(para):ベンゼンの1,4-ジ置換
Pg	保護基(protecting group)
pH	$-\log[H^+]$:水素イオン濃度指数(potential hydrogen または power of hydrogen)
pK_a	$-\log(K_a)$:酸性度定数(acidity constant)
pK_b	$-\log(K_b)$:塩基性度定数(basicity constant)
retro	逆(反応):retro-Diels-Alder 反応など
R_f	R_f 値, 相対到達度(relative to front):TLC などで成分の相対展開位置を示す.
RT	室温(room temperature):反応条件などで使用
s	秒(second)
sat.	飽和(saturated)
TLC	薄層クロマトグラフィー(thin layer chromatography)
vic-	ビシナル(vicinal):アルカンの 1,2-ジ置換

索　引

A

Alder 則	42
Arndt-Eistert 合成	43

B

Baeyer-Villiger 酸化反応	43
Beckmann 転位反応	43
Beilstein	1
Bingel 反応	96
Birch 還元（反応）	58, 69, 90
BOP-Cl	66

C

Cahn-Ingold-Prelog	9
CAS	103
CBS 触媒	60
Claisen 縮合	23, 33, 34
Claisen 転位反応	41
Claisen-Schmidt 縮合反応	95
Clemmensen 還元試薬	52
Collins 試薬	51
Cope 転位反応	41
m-CPBA	54, 101
CPK モデル	25
Cram	91
Curtius 転位反応	43

D

DBU	66, 98
o-DCB	99, 101
DCC	49, 64, 66
DEAD	49
Dieckmann 環化（反応）	24, 58
Diels-Alder 反応	41, 42, 59, 69, 96, 100
DMAP	49, 64, 78
DPPA	66

E

E2 反応	21
EDCI	49, 78
Eschenmoser	68

F

Favorskii 転位反応	43
FPD	4
Friedel-Crafts アシル化（反応）	51, 77, 79, 93
FVP	75

G

Gilman 試薬	39
Grignard 試薬	30, 35, 60, 76
Grignard 反応	35
Grubbs 触媒	5, 37

H

Hantsch-type pyridine construction	65
HDE 法	25, 26
Hiyama-Hatanaka 反応	38
HMPA	93
HOBt	66

Hofmann 転位反応	43		oxy-Cope 転位反応	59
Huisgen 反応	41			
			P	
I			Prato 反応	96
IP 則	14		PS-5	3
J			**R**	
Jones 試薬	51		Reiche 操作	94
			Robinson 環化(反応)	25, 58
K			Rothenmund 合成	82
Knoevenagel 縮合	34			
Kochi 反応	39		**S**	
Kumada-Tamao-Corriu カップリング反応			Sandmeyer 反応	51
	76, 79, 76		Schiemann 反応	51
			Schmidt 則	44
			Schmidt 転位反応	43
L			Simmons-Smith 反応	40
L-Selectride®	62		S_N1 反応	46
LDA	75		S_N2 反応	46, 83
Lewis 酸	42		Sonogasira 反応	38, 72
Liebig	1		Stille 反応	38, 78, 92
			Suzuki-Miyaura 反応	38, 79, 80
M				
magic acid	79		**T**	
Markovnikov 則	55		TBAF	62
Markovnikov 付加	54		TMEDA	76
逆——	54		TPAP/NMO	62
McMurry 反応	36			
Michael 反応	25, 34, 65		**W**	
Migita-Kosugi-Stille 反応	38		Wähler	1
Mitsunobu 反応	49, 56		Williamson エーテル合成	78, 79
Mizorogi-Heck 反応	38		Wittig 反応	36, 60, 93
MNBA	49		Wolff 転位反応	43
MsCl	66		Wolff-Kishner 還元反応	92, 93
Mukaiyama アルドール反応	32		Woodward	1, 68
			Woodward-Hoffmann 則	41, 69
N			Wurtz 反応	44
NBS	74, 79, 92			
Negishi 反応	38		**Y**	
Noyori 不斉水素化反応	56		Yamamoto 法	75
O				
Olah	79			

索引

あ

亜鉛フタロシアニン	86
アキラル	12
アクツミン	59
アシルアニオン等価体	29
アセトフェノン	93
アゾベンゼン	80
アダマンタン	14
穴あきフラーレン	96, 98
アニリン	51, 53
アミド	20
アミド化剤	66
L-アミノ酸	63
アリル亜鉛試薬	61
アルカリ金属アルコキシド	20
アルドール縮合	23, 33, 58, 93, 95

い

S-イリド	44
いす形配座	13
異性体	8
(R)-イソアラニノール	64
イソコメン	3
位置選択性	29, 54
イミノエステル-エナミン縮合	69

え

液晶化合物	71, 77
エステル化	58, 78
1,2-エタノ[2.n]パラシクロファン	25
エタノールアミン	66
エタン	20
エタンジオール	28
エチレンオキシド	55
エテン	14
エナンチオ選択	60
エナンチオトロピック	8
エナンチオマー	8, 73
エピアンドロステロン	57
エリスロマイシン	3
塩化ベンジル	93
塩基	19
塩素化反応	94
エンド選択	42

お

オキサゾリン	66
オキシ水銀化-脱水銀化	54
オゾニド	55
オゾン分解	55, 58
オリゴチオフェン	75

か

回映軸	10
核磁気共鳴スペクトル法	1
活性化エネルギー	18
活性化基	27, 28, 50
カテナン	96, 97
カルベノイド	40
カルベン	40
カルボアニオン	19, 20
カルボカチオン	19, 36
カルボキシル基	47
カルボニル基	47
カルボン酸	47
[2+2]環化付加反応	41
還元の処理	55
還元反応	46, 52
官能基	45
(−)-カンファー	69
(+)-カンファーキノン	69

き

菊 酸	3
軌道対称性保存則	41, 69
o-キノジメタン	39, 94
求核剤	19
求核置換反応	46
求電子剤	19
鏡像体	8
共 鳴	22
極性変換	29
キラル	12
キラルアンモニウム塩	5

130　索引

キラルカラム	9
キラル炭素	60
キラルドーパント	72
キラル配位子	5
キラル分子	10
キレトロピー反応	41
擬ロタキサン	97, 98
均一結合開裂	19

く

クバン	14
クプラート	39
クラウンエーテル	97
クロマトグラフ法	1
クロロベンゼン	84
群論	10

け

ケイ皮アルデヒド	93
ケクレン	14
ケテン	23

こ

光学分割用試薬	5
構成異性体	8
合成等価体	29
構造異性体	8
構造式	8
構造有機化学	7
高度希釈法	27
骨格合成	33
コビル酸	68
コランヌレン	26, 73
コリン核	68
コロネン	14

さ

酢酸亜鉛	86
酢酸水銀	54
酸塩化物	49
酸化反応	46
酸化的開裂反応	55
酸化的処理	55
酸性度	20
酸性度定数	20
酸無水物	49

し

ジアステレオ選択	61
ジアステレオトロピック	8
ジアステレオマー	8
ジアゾカップリング反応	50
ジアゾメタン	23, 58
ジアリールエテン	80
ジイミノイソインドレニン	86
ジエノフィル	42, 59, 99
ジエン	42, 59, 99
vic-ジオール	55
シガトキシン	3
[3.3]シグマトロピー	59
シグマトロピー転位反応	41, 42
ジクラネノン	3
シクロアルカン	26
α-シクロデキストリン	11
シクロファン	89, 90, 93
$[2_6](1,2,3,4,5,6)$シクロファン	93, 94
$[3_6](1,2,3,4,5,6)$シクロファン	93, 94, 95
o-ジクロロベンゼン	84
p-ジクロロベンゼン	14
四酸化オスミウム	55
ジシアミルボラン	54
シス付加	53
実験操作法	31
gem-ジハロ化合物	55
ジフェニルシクロブタン	90
1,6-ジブロモヘキサン	83
N,N-ジメチルアミノエタノール	86
臭素化	79
収束的合成	30
周辺電子環状反応	41
縮合多環芳香族	50
小員環	27
シントン	29

す

水素化アルミニウムリチウム	49, 52, 53
水素化ホウ素ナトリウム	53, 54
水素内包フラーレン	96
水和反応	54
スチレン	37
ステロイド	57
ステロイド骨格形成	43
ストリキニン	3
スーパー Simmons-Smith 反応	40
スーパーファン	93
スピロ環状構造	59
スピロベンゾピラン	80
スピンコート	86
スマネン	37

せ

正四面体	15
正十二面体	15
正二十面体	15
正八面体	15
正六面体	15
接触還元	52
セリコルニン	9
遷移金属接触カップリング反応	37
遷移金属接触水素添加反応	52
選択的リチウム配位子	5

そ

1,3-双極子反応	41
総合収率	17, 22

た

大員環	27
対称軸	10
対称性	10
対称面	10
脱保護	27, 28
タミフル	2
炭酸リチウム	65
炭素-炭素結合形成反応	33
炭素-炭素二重結合	54

炭素-ヘテロ原子間結合形成反応	33

ち

チオフェン	71
置換反応	46
N-イリド	44, 96
中員環	27
直線的合成	30

つ

ツイスタン	12

て

テトラヘドラン	14
テトロドトキシン	3, 32
転位反応	22, 36, 43
電気陰性原子	20
点 群	10
アキラルな――	10
キラルな――	10
電子環化反応	11
電子環状付加反応	41
電子求引基	47, 50
電子供与基	48, 50
電子欠損性	47
電子対の移動	22
電子的効果	18

と

糖	27
銅（Ⅰ）接触カップリング反応	39
ドデカヘドラン	15
1,2,4-トリアジン	99
トリフェニレン	14
トルエン	84

な

ナノドラグスター	104

に

ニトロニルニトロキシド	80
ニトロベンゼン	51, 53

ぬ

ヌクレオシド	27

ね

ネオペンチル型	59

は

配　座	13
いす形——	13
ねじれ形——	13
π電子反発	25
バイパス	31
パイロット実験	31
パターンの認識	23
白　金	52
白金接触水素添加	93
バナセン	3
パラキシレン	90
パラジウム	52
パラシクロファン	90
[1.1]パラシクロファン	26
[2.2]パラシクロファン	90
積層型——	26
[4.4]パラシクロファン	92
反応開発	7
反応種	19
反応速度論	7
反応の進行方向	22
反応有機化学	7
反応理論	7

ひ

光磁性スイッチング機能物質	80
ひずみ	
結合角度——	25
結合長——	25
配座——	25
分子——	25
ひずみエネルギー	90
ビタミンB_{12}	67
ヒドリド還元	49
ヒドリド還元剤	52, 53
ヒドロホウ素化	54
ビフェニル	12
ビフェニル基	71
非プロトン性極性溶媒	46
標的化合物	7, 45
ピリジン環	63
ピロール環	82

ふ

フェナントレン	58
フェノキシド	83
不活性化基	50
付加反応	46
不均一結合開裂	19
不　斉	11
不斉合成反応	10
ブタジイン	76
フタルイミド	86
フタル酸無水物	86
フタロシアニン	71, 85
フタロシアニングリーン	86
フタロシアニンブルー	86
フタロニトリル	86
ブチルリチウム	20
物性論	7
フラーレン	14, 16, 53, 83, 89, 95
フラーレンダイマー	84
[3_6]プリズマン	94
フルギド	80
フルフラール	58
プロトン性溶媒	46
プロペラン構造	59
分子軌道法	25
分子式	7
分子力場計算	25

へ

平衡反応	22
ヘキサアリールビイミダゾール	80
ヘテロ芳香族	71
ヘテロリシス	19
ペプチド	27

ベンザイン	23, 32
ベンジル酸転位反応	43
ベンズアルデヒド	92
ベンゼン	14

ほ

芳香族求電子置換反応	29, 50, 51
保　護	27, 28
保護基	63, 66
ホトクロミック材料	80
ホモリシス	19
ポルフィリン	71, 82
ポルフィリン連鎖体	84
ホルミル化反応	94
ホルムアルデヒド	35, 96

ま

巻き矢印	21
マロン酸エステル	96

み

ミクロコッシン	63

め

メタセシス	36
メタン	14
メタンスルホン酸	46
メタンチオール	46
N-メチルグリシン	96

ゆ

有機 EL 素子材料	5
有機電子論	21
有機リチウム	20, 35
遊離基	18, 19

よ

ヨウ化ビニル	60

ら

ラジカル	18, 19
ラジカル-クロスオーバー反応	60
ラセミ化防止剤	49

り

立体異性体	8
立体化学	7
立体効果	18
立体選択的合成	10
リンイリド	36, 93

る

ルテニウム	52

ろ

ロタキサン	96, 97
ロンギホレン	3

西村　淳（にしむら　じゅん）
昭和46年　京都大学大学院工学研究科合成化学専攻
　　　　　博士課程単位取得退学
現　　職：群馬大学名誉教授，工学博士
研究分野：シクロファン化学，フラーレン化学

樋口弘行（ひぐち　ひろゆき）
昭和58年　大阪大学大学院理学研究科有機化学専攻　博士課程修了
現　　職：富山大学大学院理工学研究部教授，理学博士
研究分野：チオフェンやポルフィリンに関する有機機能性材料化学

大和武彦（やまと　たけひこ）
昭和52年　九州大学大学院工学研究科修士課程合成化学専攻修了
現　　職：佐賀大学大学院工学系研究科教授，工学博士
専門分野：構造有機化学，超分子化学，分子機能材料

有機合成化学入門
―― 基礎を理解して実践に備える

平成22年9月30日　発行

著作者　　西　村　　　淳
　　　　　樋　口　弘　行
　　　　　大　和　武　彦

発行者　　小　城　武　彦

発行所　　丸 善 株 式 会 社

出版事業部
〒140-0002　東京都品川区東品川四丁目13番14号
編集：電話 (03) 6367-6039／FAX (03) 6367-6156
営業：電話 (03) 6367-6038／FAX (03) 6367-6158
http://pub.maruzen.co.jp/

Ⓒ Jun Nishimura, Hiroyuki Higuchi, Takehiko Yamato, 2010

組版印刷・有限会社 悠朋舎／製本・株式会社 松岳社

ISBN 978-4-621-08287-4 C 3043　　　　　Printed in Japan

JCOPY 〈(社)出版者著作権管理機構 委託出版物〉
本書の無断複写は著作権法上での例外を除き禁じられています。複写
される場合は，そのつど事前に，(社)出版者著作権管理機構（電話
03-3513-6969, FAX 03-3513-6979, e-mail：info@jcopy.or.jp）の許諾
を得てください。